O PENSAMENTO GEOGRÁFICO BRASILEIRO

vol. 3: as matrizes brasileiras

CÓPIA NÃO AUTORIZADA É CRIME
ABDR
ASSOCIAÇÃO BRASILEIRA DE DIREITOS REPROGRÁFICOS
RESPEITE O DIREITO AUTORAL

Ruy Moreira

O PENSAMENTO GEOGRÁFICO BRASILEIRO

vol. 3: as matrizes brasileiras

Foto de capa
Jaime Pinsky

Montagem de capa
Gustavo S. Vilas Boas

Diagramação

Kenosis Design

Preparação de textos
Evandro Lisboa Freire

Revisão
Flávia Portellada

Dados Internacionais de Catalogação na Publicação (CIP)
(Câmara Brasileira do Livro, SP, Brasil)

Moreira, Ruy
O pensamento geográfico brasileiro : as matrizes brasileiras, volume 3 / Ruy Moreira. – 1. ed., 2ª reimpressão. – São Paulo : Contexto, 2024.

Bibliografia.
ISBN 978-85-7244-479-8

1. Brasil – Geografia – Estudos 2. Geografia – Estudos
3. Geografia – Filosofia I. Título.

10-04659 CDD-918.1

Índice para catálogo sistemático:
1. Brasil : Geografia 918.1

2024

EDITORA CONTEXTO
Diretor editorial: *Jaime Pinsky*

Rua Dr. José Elias, 520 – Alto da Lapa
05083-030 – São Paulo – SP
PABX: (11) 3832 5838
contato@editoracontexto.com.br
www.editoracontexto.com.br

Mas como discutir a crônica de uma conquista?
Douglas Santos
A reinvenção do espaço

SUMÁRIO

APRESENTAÇÃO

Com este volume se completa a trilogia – na verdade, uma tetralogia que se inicia com *Para onde vai o pensamento geográfico?* – com a qual pretendemos formar um quadro analítico da evolução do pensamento geográfico brasileiro. A dificuldade de montar esse painel pode ser observada ao longo do livro. Todo trabalho de epistemologia crítica supõe uma base de história das ideias que não se dispõe para o pensamento geográfico brasileiro. Há estudos parciais, voltados para a reconstituição da evolução de setores, que o leitor encontra na bibliografia.

Todo o suporte que utilizamos foi, assim, a própria literatura geográfica brasileira. E isso exigiu um enorme esforço de sistematização. Mas, sobretudo, uma pertinaz atenção para não confundirmos o livro com um estudo da Geografia do Brasil, que em geral forma o conteúdo de quase todos os textos encontrados. Veríssimo Pereira advertia para a necessidade de traçar essa diferença. O que nos obrigou a uma permanente vigilância de fronteira entre um tema e outro. Mesmo assim, foi impossível não ultrapassar a linha. O leitor perceberá isso em várias passagens do livro. Em consequência, uma massa de anotações sobre a Geografia do Brasil contida nos textos lidos se acumulou em paralelo. Fruto do método de seleção de conteúdo adotado. E do projeto de um outro livro que, no decurso da elaboração deste, acabou surgindo.

Toda uma atenção particular foi dada também ao critério de seleção das leituras. A literatura geográfica brasileira é maior do que supomos, além de absolutamente heterogênea e dispersa. Acresce que resolvemos nela incluir também a vasta literatura de viajantes, cronistas e naturalistas, para cuja contemplação mais criteriosa fomos levados ao recurso de estabelecer previamente uma distinção entre Geografia informal e formal que fizesse valer para as obras da literatura colonial o mesmo campo de fundamento epistemológico que o conceito acadêmico estabelece como válido para considerar as obras do saber especializado. Foi com base nesse conceito e critério distintivos que incorporamos as obras da primeira ao lado da segunda. Deixamos ao leitor o julgamento.

Optamos por contemplar no livro os textos que melhor abrigassem em suas análises a tese da herança discursiva dos problemas provindos dos embates que envolveram a Geografia e a Sociologia no ambiente intelectual francês do começo do século xx, que permeia a reflexão crítica de toda a trilogia. E, entre eles, particularmente os que se defrontaram com os efeitos epistemológicos desse bloqueio diante da tarefa de a Geografia brasileira oferecer à sociedade nacional uma teoria de Brasil explicada geograficamente. Muitos livros e textos de periódicos ficaram, assim, excluídos. Provavelmente alguns foram inadequadamente incluídos. Seja como for, também deixamos o julgamento para o leitor.

O livro está dividido em cinco partes. Na primeira fazemos o retrospecto da herança intelectual de nossas relações com a Geografia mundial da qual viemos e que analisamos nos dois primeiros volumes. Na segunda analisamos as obras que espelham aquilo que poderíamos chamar de um pensamento geográfico brasileiro. Na terceira buscamos mostrar sete livros centrados na questão de teorizar o geral, dos quais se pode apreender o miolo criativo do pensamento brasileiro. Na quarta mostramos os entrecruzamentos da literatura aqui analisada entre si e com a literatura mundial, abordada nos volumes anteriores. A quinta e última parte é o capítulo conclusivo da trilogia.

Com esta tetralogia, o leitor brasileiro dispõe de um painel analítico o mais amplo possível sobre nossas origens discursivas nacionais e mundiais e o modo como delas temos sido também sujeitos. E se através dela for possível aumentarmos esse compartilhamento mundial e brasileiro de compreender o mundo com os olhos da Geografia, teremos atingido nosso propósito.

A GEOGRAFIA MUNDIAL QUE NOS CHEGA

A Geografia brasileira faz parte do pensamento geográfico mundial e nutre-se como as demais formações deste. E, como essas formações, incorpora, recria e reinventa o pensamento geográfico que lhe chega de acordo com o filtro da realidade em que se situa e as características próprias da personalidade intelectual de seus geógrafos. Foi assim com a Geografia francesa diante da alemã dos fundadores e a norte-americana diante da francesa e da alemã dos clássicos.

Isso aponta para um aspecto essencial do campo intelectual da Geografia até então não considerado, seja pelo discurso da escola nacional, seja pelo discurso dos setores sistemáticos, que é o processo formativo desse pensamento como um movimento a um só tempo geral e diferenciado por áreas de espaço, numa aplicação exemplar da "lei" geográfica de Hettner, que faz com que um nicho se alimente de outro e o todo se alimente, por sua vez, do entrelace dessa diferença solidária, dando à Geografia o perfil de um saber ao mesmo tempo empírico e teórico.

O pensamento geográfico brasileiro é fruto e artífice desse movimento, tirando dele seus fundamentos epistêmicos e injetando-lhe, ao mesmo tempo, os de sua ontologia, fundindo-se e dentro dele diferenciando-se continuamente, como soe ser próprio da Geografia alemã, da Geografia francesa e da Geografia norte-americana em seu processo de formação.

Os entrelaces

Três distintas perspectivas dominam a formação do pensamento geográfico brasileiro: a francesa de Vidal, a franco-germânica de Brunhes e a germânica de Hettner, além de uma quarta, a norte-americana de Sauer e Hartshorne, vindo a acrescentar-se tardiamente. A perspectiva vidaliana nos chega através de Monbeig e Ruellan, a brunhiana através de Deffontaines e a hettneriana através de Waibel.

A influência de Vidal se consolida no passar do tempo na plêiade de discípulos de diferentes fases que aqui aportaram, Sorre, George e Tricart sendo talvez os mais representativos. A de Brunhes, curiosamente, o faz através do diálogo, mais forte que a literatura aparenta, desses discípulos de Vidal, George à frente, com suas ideias. O mais sistemático dos clássicos, talvez à exceção de Sorre, dos dois Brunhes é quem indiretamente acabará por estar mais presente na obra dos geógrafos brasileiros, por força da natureza mais metodicamente ordenada de sua teoria. A influência de Hettner, por fim, aparenta ter menor continuidade, embora se apresente com evidência na linhagem weberiana da Geografia agrária de inspiração waibeliana e se veja recentemente reafirmada através da presença de Hartshorne.

Num outro rumo, o da *intelligentsia* brasileira, Reclus, Ratzel e Vidal aparecem como referência constante em suas análises de intérpretes do Brasil. Há uma clara remissão às ideias desses clássicos e seus discípulos nas obras da intelectualidade dos anos 1890-1930, que diminui progressivamente até tornar-se esporádica e desaparecer a partir dos anos 1940, coincidentemente quando se inicia a fase acadêmica da Geografia no Brasil.

Sob modos distintos, os clássicos da Geografia são aí assimilados. Reclus é autor de um estudo geográfico do Brasil, o *Estados Unidos do Brasil*, publicado em 1900, embora se trate de uma separata do volume da *Nova Geografia universal* dedicado à América do Sul, e assim é visto. Ratzel é citado por referência ao diálogo que estabelece entre a natureza e a cultura em seus efeitos sobre o modo de vida dos homens. Vidal, enfim, por referência ao peso do gênero de vida e dos recortamentos do espaço sobre a constituição e a unidade societária das sociedades.

Os pontos de passagem

A Geografia brasileira surge no momento de auge e mudança da Geografia mundial. As ambiguidades arrastadas desde quando Vidal de La Blache e sua primeira geração de discípulos aceitam a demarcação de campos respectivos da Geografia (o solo), da História (o tempo) e da Sociologia (as regras societárias) sugerida pelo historiador Lucien Febvre no começo do século XX, que também é o começo do período da Geografia clássica, até a geração de Sorre, Sauer e Hartshorne, aqui chegam. Mas, concomitantemente, também as reações de Sorre e Hartshorne visando reverter seus efeitos é que levam às primeiras reformulações da Geografia clássica. Vive a carga da insatisfação que explode na crítica de Schaefer e dos franceses ao redor da Geografia aplicada dos anos 1950 e participa da sequência de revisões com sabor de ruptura que vêm da "new Geography" e da Geografia ativa nos anos 1950-1960 e das formulações inspiradas no marxismo nos anos 1970, incorporando-as como duas ondas contínuas de uma mesma vaga de renovação que domina a trajetória do pensamento geográfico mundial/nacional dos anos 1950 aos 1970.

Pode-se dizer que tem origem e se sedimenta na fase da passagem do período áureo representado pelas matrizes de Reclus, Vidal, Ratzel e Brunhes para o das reflexões críticas e reformuladoras de Sorre e Hartshorne. Ganha maturidade nesse interregno de inflexão que se expressa nas matrizes revisoras de Sorre-Hartshorne. Muda sob o impacto da primeira onda de renovação na forma da "new Geography" e da Geografia ativa nos anos 1960-1970. E se envolve intensa e diretamente com o universo de ideias da segunda onda da virada dos anos 1970-1980. Absorve o melhor que lhe vem de fora, ao mesmo tempo que queima etapas nessas fases.

E, sendo assim, desenvolve-se absorvendo e recriando ao seu modo os três contrapontos que orientam em todo esse tempo o andamento epistemológico da Geografia mundial, em sua ambiguidade de ser uma ciência dos homens ou dos lugares, uma ciência da civilização ou da região e uma ciência de integração ou fragmentada numa pulverização setorial.

Já em 1940, Maurice Le Lannou reclamara do primeiro contraponto, proclamando a superfície terrestre como a morada do homem e este tema da morada como o objeto da Geografia. Criador dessa ambiguidade, Vidal já procurava revertê-la, depois de seu equivocado texto de 1913, com a publicação do *Princípios de Geografia humana*, que no entanto só vem a lume em 1922, depois de sua morte. Le Lannou é discípulo desse Vidal tardio. E toda uma diversidade de gerações que vêm na esteira dessa Geografia da civilização, Pierre Gourou (1900-1999) entre eles – sabemos que também Sorre –, numa sequência que desemboca em Lacoste, entusiasta dos estudos de Geografia tropical de Gourou.

Na verdade, trata-se, para Le Lannou, de reafirmar a Geografia dos fundadores e resgatar sua evidência superadora das críticas vindas de vários cantos, mesmo diante da impossibilidade prática de exercitar o holismo tal como pensado por Ritter e Humboldt. De devolver o fato geográfico ao seu nicho espacial concreto, a superfície terrestre com seus infinitos recortes de paisagem, onde homem e lugar se encontram como coabitação e coabitante indissociáveis, como dirá o Vidal de 1922, justamente a relação que Gourou irá buscar no clássico *Les pays tropicaux: principes d'une géographie humaine et économique*, de 1947.

O esvaziamento humano do lugar é já, entretanto, um fato. Consolidado que fora pela culturalização acadêmica da tripartição das atribuições funcionais febvriana, solo e lugar já assentando praça como sinônimos e atribuição da Geografia, o acréscimo do homem já se passando para as atribuições da Sociologia e da História. Talvez é por isso que Vidal busca descrever no *Princípios* a repartição contemporânea dos homens na superfície terrestre como vinda da constituição das civilizações na fase sedentária das áreas anfíbias, mas tendo o cuidado de não fazer demografia, mas também morfologia social. Dúvida que não mais confunde Gourou. Menos ainda Lacoste quando, na esteira deste, denuncia as estratégias geográficas do bombardeio norte-americano dos diques do Vietnã no *Unité et diversité du tiers-monde*, de 1980.

O segundo contraponto é um mergulho no primeiro e evolui de outro modo. Quando em 1922 foi lançado o *Princípios*, a Geografia regional já havia se sedimentado como paradigma vidaliano, e então francês, de Geografia, e já inclusive virara tema e matéria de intensa investigação dos historiadores, até pelo fato de a orientação metodológica ter se tornado a estabelecida por eles, e a tudo que se referisse a estudo do espaço, desde o reconhecimento de *A terra e a evolução humana*, de Febvre, como fundamento epistemológico da própria Geografia, os geógrafos assim já estando teórica e metodologicamente na esteira do olhar destes. A vertente da Geografia da civilização de Ratzel, exposta na *Antropogeografia*, depois da atenção imediata que despertara seu lançamento, já não mais atraía mesmo aos geógrafos, talvez à exceção de Brunhes, tão combatido que fora na França por Durkheim, e logo a seguir por Febvre, e na Alemanha é vista como uma das alternativas diante de um renascimento que logo vai identificar-se com a Geomorfologia e a Geografia da paisagem. E a vertente de Reclus, só é sistematizada depois da publicação do *Homem e a terra*, já no começo do século, quando as atenções se voltam para Febvre e está no auge o massacre de Ratzel, pouca penetração tendo na França, agravado pelo fato do exílio. Assim, publicado no mesmo ano que *A terra* e exposta a esse quadro de conjunto, o *Princípios* pouca chance tem de vingar, e então de emergir, aparecer e prevalecer como paradigma de Vidal mesmo para seus discípulos. Ao contrário, aparece para estes como uma obra inconclusa e extemporânea do mestre. Não tem elementos para medir forças e disputar prestígio com uma Geografia regional já estabelecida e difundida pelo mundo como a própria face da Geografia de Vidal, e que a ninguém interessa destronar em nome de uma outra referência, mesmo que vinda de Vidal.

Sucede que a Geografia regional pouco oferece de um paradigma verdadeiro, descolada de um olhar de totalidade num mundo que caminha a olhos vistos para o tensionamento social e para a mundialização. O seu efeito prático é sedimentar a teoria do pequeno recorte, o ponto areal e só conectado ao todo aos olhos da teoria da totalidade do historiador, trazendo para o ponto menor – maior em escala cartográfica – os defeitos e a insuficiência analítica do seu método. A ausência da noção de totalidade geográfica implícita nessa abordagem – a região é vista como a própria totalidade – se transfere como enfoque e método ao estudo areal, numa escala ainda de maior ampliação da fragmentação espacial da superfície terrestre. Um conjunto de alternativas é então buscado, sem sair, todavia, do paradigma. Uma primeira é o tratamento da área como um real-total em si mesmo, o recurso da explicação vindo a ser substituído pelo da descrição detalhada da paisagem. Uma segunda vem através da escala, o todo vindo na forma da teoria mecânica, e então não estrutural, da área como ponto de uma sequência de esferas concêntricas – local, regional, nacional e mundial – a totalidade que vira uma estrutura sem mediações geográficas explícitas. Ambas se esbarram na falta de um discurso próprio do todo com rebatimento epistêmico próprio de totalidade.

E assim chegamos ao terceiro contraponto, que no tempo cresce como uma tentativa de cruzamento de paradigmas entre o geral do *Princípios* e o singular do

Quadros dos diferentes momentos da trajetória de Vidal. A saída é o resgate do conceito de integração que vem dos tempos de Estrabão e Varenius, confundi-lo com o geral e apresentá-lo como um equivalente de holismo na ciência moderna. É a ideia de uma Geografia sistemática, que aparece como a totalidade da abrangência da abordagem regional. E, assim, de uma referenciada na outra, como numa relação de leis gerais de validade universal, a Geografia sistemática aplicada ao real-empírico, a Geografia regional. Tentativa que se esbarra na mesma falta de um conceito de totalidade próprio que bloqueara as saídas do segundo contraponto.

De fato, interação e holismo são conceitos parecidos, mas de sentidos diferentes, até opostos. E longe estão de aportarem o conceito sistêmico da Geografia sistemática. A integração é um todo vindo por agregação, uma reunião de elementos a partir de um elo coagulante. O holismo é um todo sintético de elementos interativos vindo de uma fusão orgânica em vista de um sentido; é, assim, mais que uma integração, e esta vira um todo holista quando esse todo é concebido como algo mais que a soma de suas partes. Há integração holista quando em Humboldt a Geografia das plantas, integrando para baixo e para cima as esferas do inorgânico, do orgânico e do humano, dá por resultado a síntese que define a vida social como o fundo e o fundamento da ontologia do ser do homem. Quando em Brunhes a contradição entre a força louca do sol e a força sábia da terra se desdobra na contradição destruição-construção e se faz sociedade geograficamente organizada na contradição cheios-vazios do espaço do homem. Ou quando em Hettner o movimento fenomênico se arruma espacialmente numa totalidade de áreas diversificadas por diferenciação territorial. Mas há integração tão somente, quando em Vidal os elementos físicos e humanos se agregam no recorte do espaço numa singularidade regional. A integração é, aqui, um agregado de setores sistemáticos, que tanto podem se unir ao redor da constituição de um fato de identidade, como a região vidaliana do *Quadros*, quanto fazê-lo no sentido oposto de se separar, como de fato é o propósito real da Geografia sistemática, geral e regional sendo apenas efeitos de enfoque ou de visualidade, o que explica porque não foi difícil a Schaefer passar da crítica da Geografia clássica para o discurso das teorias de localização como saída e muitos geógrafos verem a região como um simples recurso taxonômico.

Eis porque o resultado foi a pura e simples adição do tema tópico ao areal introduzido pelo desmoronamento da Geografia regional como paradigma. Estes dois enfoques vindo a se estruturar como paradigmas.

Os termos da herança

A Geografia mundial que nos chega é a desses contrapontos. Aos poucos vindo a também aqui prevalecer o modo de paradigma com que os equacionaliza. Todavia, por longo tempo nela contrastam a Geografia integrada do terceiro contraponto e a fragmentada em setores do segundo, que acabará por prevalecer.

Três perfis constituem a forma como a Geografia mundial formata seu discurso: a Geografia em camadas, a Geografia em setores e a Geografia sem rosto. São perfis que ao mesmo tempo coexistem e se sucedem como fases desde os anos 1940. E nesses termos chegam ao Brasil.

A Geografia em camadas é a forma como se sistematiza a abordagem integrada. Três modos distintos de fazê-la podem ser identificados. Um primeiro, o mais próximo da integração pensada num estilo holista, é o que toma a interação homem-natureza como processo e base teórica de apoio. Brunhes e Sorre talvez sejam entre os clássicos a melhor referência. O fato se dá pela busca entre eles do elo processual que una homem e natureza como essência e conteúdo, tal como fora na tradição dos fundadores, e de certo modo se busca manter seja pela ideia de região da Geografia regional francesa, seja pela paisagem da Geografia alemã. Brunhes o faz pela junção em escala da relação homem-planta e homem-água enquanto fios de condução da constituição dos cheios e vazios do espaço destruído-construído, Sorre por intermédio do cruzamento dos complexos na convergência do ecúmeno como o complexo mais pleno. Um segundo modo, típico da integração por agregação pura e simples, é o que age por sobreposição, os conteúdos das geografias setoriais se superpondo em camadas, da Geografia física à Geografia humana, a Geomorfologia formando o subsolo e os problemas humanos o sótão, tudo na suposição de que a formação do espaço começa no sítio e culmina nos desencontros da população. É o formato que temos designado modelo N-H-E. O terceiro, por fim, é o que busca viabilizar o primeiro pondo no ponto do meio das interações um nexo coagulante da integralidade, como no passado Humboldt fizera com a Geografia das plantas. Tricart resolve-o, tal como vemos em *Terra planeta vivo* e *Ecodinâmica,* com o conceito de fitoestasia, George com a dialética de freios e aceleradores do conceito da situação, posto no centro da teoria da Geografia ativa, que, ao fim e ao cabo, não foi adiante, e Quaini com o conceito da ruptura ecológico-territorial com que confronta o holismo estrutural das comunidades do presente e do passado e a estrutura fragmentária da moderna sociedade capitalista.

A Geografia em setores é a forma como se sistematiza o universo da Geografia fragmentária. A autonomização de cada elo do todo num campo científico em si mesmo, via quebra do real geográfico numa multidão de recortes temáticos individualizados, pedaços que são do real-integral, é o que aí se tem. E cujo resultado é a busca de parte de cada setor da totalidade geográfica que percebe faltar, cada qual indo encontrá-la nas ciências vizinhas, mais unitarizadas, tomando seus discursos de totalidade como o ancoradouro que precisa para suas teorizações parciais. Designadas Geografia por puro vezo de instituição, se mostram ávidas do nome de batismo do todo alheio que incorporam, e assim são os ancoradouros que falam, não elas mesmas em seus discursos.

Já nos anos 1950, André Cholley advertira para esse inconveniente. Buscando dialogar ao redor do tema com os estudantes e seus professores dos cursos universitários no *Guide de l'étudiant en géographie*, numa clara retomada da previsão com que, em 1925, Camille Vallaux antevira os efeitos de desmonte que a fragmentação em seu avanço traria ao pensamento geográfico em *Les sciences géographiques*, Cholley intenta, como Vallaux, chamar a atenção para a necessidade do acerto retroativo. Ninguém lhes deu ouvido, assim como não se dera, no longínquo 1919, para as denúncias de Brunhes sobre as consequências da devastação da floresta alpina no seu *Geografia humana*.

Fato é que sem visão integrada e já agora sem personalidade própria, o perfil geográfico em si se esgota. E tem lugar uma Geografia sem rosto. A forma que sem cerimônia toma assento.

A GEOGRAFIA BRASILEIRA

O modo como a Geografia brasileira interage com essas formas e fases da Geografia mundial é múltiplo, às vezes de repetição mecânica, às vezes de ação reativa. A Geografia integrada é absorvida, por exemplo, nas suas três modalidades, aqui de forma mimética, ali de forma criadora – num modo próprio de fazê-lo, de que a *Geografia da fome* de Josué de Castro é o melhor exemplo –, acolá de forma mista. A Geografia em setores, que a rigor só vinga a partir dos anos 1960, tem igual modo de tratamento. E a Geografia sem rosto só nos últimos tempos aparece, fraca e esmaecida pela crise paradigmática da própria Geografia em pedaços de que deriva. O mesmo ocorre com os momentos de renovação, em particular dos anos 1970, em que a Geografia brasileira aparece como um interlocutor mundial indiscutível.

Pode-se ver duas épocas distintas na trajetória da Geografia no Brasil, com ponto de inflexão nos anos 1930. Há uma Geografia e uma forma geográfica de ver na obra dos viajantes, cronistas e naturalistas. E uma outra na obra dos geógrafos de formação que para cá vêm nos anos 1930 e 1940 a fim de fundar a Geografia formal. Difere nestes o olhar cultivado do especialista, não necessariamente a forma de ver e o modo interessado de olhar.

Visto por esse prisma, podemos considerar esses momentos como duas formas, mais que duas fases, de pensamento geográfico no Brasil: a informal e a formal. É informal o pensamento dos viajantes, cronistas e naturalistas, em que podemos incluir os retratistas, romancistas e mesmo a *intelligentsia* brasileira que olha e perscruta com o concurso dos clássicos o enigma Brasil, pelo menos até os anos 1930. O pensamento formal é o dos geógrafos convidados a criar a Geografia universitária e dos institutos de pesquisa como o IBGE e o Joaquim Nabuco e a plêiade dos que desde então se formam sob seu símbolo inaugural.

A Geografia dos viajantes, cronistas e naturalistas

Os homens e seus laços de relação com a natureza, a paisagem e as formas de organização do espaço que são as categorias do olhar do especialista são objeto de registro de uma série de trabalhos de autoria de viajantes, cronistas e naturalistas em seu afã de apreender o significado do país nascente desde o primeiro século da colonização.

As relações do homem e da natureza surgem como foco de interesse particularmente quando das narrativas dos modos de vida, hábitos e costumes comunitários indígenas do período quinhentista. Três livros sobressaem nesse plano: *Duas viagens ao Brasil*, de Hans Staden, de 1557, *As singularidades da França Antártica*, de André Thevet, de 1557, e *Viagem à terra do Brasil*, de Jean de Léry, de 1578. São livros em que o novo é visto pelos olhos do velho, a Europa renascentista vendo a não Europa pelo olhar pré-renascentista com seu imaginário entre o fantasioso e o medieval. O homem e a natureza desconhecidos são o objeto em todos eles da curiosidade comparativa. O bom selvagem, mas pagão, e o pecador, mas cristão, se defrontam numa curiosa prática de identidade-diferença em face da tarefa de compreensão e assimilação do outro. Mas difere em cada um o modo de fazê-lo. Afasta-os, sobretudo, a visão do canibalismo. E este gera uma relação de alteridade que frequentemente funciona às avessas: condenação como modo de vida, mas numa alusão nem sempre favorável diante dos hábitos e costumes da cultura europeia.

Hans Staden extraiu seu livro do período de nove meses em que esteve prisioneiro dos índios tupinambás no litoral de São Paulo e Rio de Janeiro. De origem alemã, Staden viaja para o Brasil como marinheiro em navio português, primeiro em 1548 e depois em 1550 quando, num naufrágio em 1552, nas proximidades de Itanhaém, no litoral de São Paulo, aí encontra povoados de portugueses e índios tupiniquins, indo morar com eles na vila de Bertioga. No começo de 1554, cai prisioneiro dos índios tupinambás. Levado à aldeia destes, em Ubatuba, é posto em cativeiro até o final desse ano, quando regressa à Europa, lá chegando no começo de 1555. O período de nove meses em que esteve cativo permitiu-lhe reunir um detalhado cabedal de conhecimentos do quadro de vida dessa e de outras comunidades de índios tupinambás espalhadas entre o litoral de São Paulo e Rio de Janeiro, que conta em seu livro, publicado dois anos depois de seu regresso, em 1557. Staden fala com minúcias do modo de vida indígena, seu seminomadismo combinado a uma economia de extração de recursos da mata, da pesca e da lavoura de mandioca e de milho. A terra de propriedade comunitária é repartida em uso pelas famílias, e marca o arranjo da divisão espacial de funções que distingue mulheres e homens por suas tarefas, a mulher cuidando da plantação e do fabrico da bebida e dos utensílios e o homem da caça, da pesca e da guerra. Isso ao mesmo tempo que todos compartilham dos produtos e da habitação coletiva, um conjunto de no máximo sete choças grandes, arrumadas em círculo ao redor de uma ampla praça onde os índios se reúnem para tomar decisões sobre os problemas da tribo e realizar todos os seus ritos, a praça combinando espaço, tempo e natureza na forma e através desses rituais. São rituais em que os homens se confundem com plantas, animais e ciclos de mudança, traduzidos no gestuário da dança, da pintura e dos adereços, numa relação de identidade que tem o corpo como ponto de interação e referência. Por isso, impressiona a Staden, por seu contraste com o imaginário europeu dos índios como seres peludos, metade bicho e metade homem, a beleza e a força do corpo de homens e mulheres índios, sua plasticidade e agilidade de movimentos, a longevidade, o papel e o significado dos sonhos na condução das suas ações e procedimentos, e a prática da antropofagia como síntese de todo ritualismo, que o horroriza e condena como cristão, mas o domina pelo inesperado do sentido. Impacta-o, sobretudo, ver no índio a descoberta da alteridade, do si mesmo no outro, a um só tempo geográfica e etnologicamente tão distante e tão próximo.

André Thevet (1502-1592), católico francês, é um outro olhar sobre os tupinambás. Frade franciscano que vem junto à comitiva de Villegaignon para fundar no litoral do Rio de Janeiro a França Antártica, Thevet exercita sua função sacerdotal de entremeio ao convívio com os indígenas, narrando, no retorno à França suas experiências na *As singularidades da França Antártica*, livro que publica em 1557, no qual combina em suas apreciações seu olhar teológico e o imaginário europeu pré-renascentista, então dominante. E que complementa com um segundo livro, a *Cosmografia universal*, publicado em 1575, de natureza mais sistemática. Falta a Thevet, entretanto, o convívio e a escala de espaço vivido de Staden, restando-lhe em sua narrativa o registro dos detalhes da etnia, o rol enumerativo dos elementos da natureza, o relato minucioso dos ritos, a descrição das singularidades do título, que vaza de juízos bíblicos ou de fabulação quando os tenta universalizar.

Jean de Léry (1534-1611) segue uma outra perspectiva. De formação calvinista, Léry chega em 1557 à colônia francesa, junto ao grupo de pastores para aí enviados com o fim de dirimir os conflitos que dividem e desintegram a experiência colonial da França Antártica, em grande parte derivados dos desmandos autoritários do próprio Villegaignon. Desencantado com o que vê, Léry aproveita o período de um ano de estadia para usufruir de um maior tempo de convívio com a aldeia indígena, cujo resultado é a redação do *Viagem à terra do Brasil*, livro que publica em 1578, quando de seu retorno a Genebra. Nele, opõe sua visão factual à do fantástico de Thevet, que critica, recebendo deste a acusação de plágio. E o contraponto é o recurso do método por excelência, o mundo do tupinambá sendo apresentado por comparação permanente ao do europeu. Cada espécie de planta e de animal do mundo tupinambá é apresentada em referência a uma espécie correlata do mundo europeu, o que faz do livro um estudo a um só tempo etnográfico e sistemático. No fundo, são a natureza e o homem comparados de um mundo e do outro que acabam desfilando ao longo dos capítulos. Do VII ao XIII faz-se o inventário detalhado da natureza, e do XIV ao XIX o da sociedade, 13 de um total de 22 capítulos oferecendo um mapa de comparações. Com o que Léry dá ao detalhe um forte valor metodológico. E ao resultado dos olhares o espanto do europeu que vê no desconhecido uma imagem de si mesmo inesperada.

Um surdo conflito já se anuncia, entretanto, entre esses dois mundos, visível na dissemelhança de olhares dos viajantes e dos cronistas portugueses. Os destes são olhares sobre o mundo que o português está criando, não de descoberta de si ou da curiosidade da revelação, mas dos problemas e conflitos da ocupação da terra do outro. Quatro obras particularmente aqui ressaltam, num mesmo propósito de relatório do quadro da ocupação colonial portuguesa: *Tratado da terra do Brasil*, de Pero de Magalhães Gandavo, de 1568, *Tratados da terra e da gente do Brasil*, de Fernão Cardim, de 1625, *Economia cristã dos senhores no governo dos escravos*, de Jorge Benci, de 1700, e *Cultura e opulência do Brasil*, de João António Andreoni (André João Antonil), de 1711. Falar de um é praticamente falar de outro. São relatórios para instâncias administrativas, o rei de Portugal ou a Companhia de Jesus, a que todos pertencem como jesuítas, dedicando-se a descrever o espaço geográfico originado pela ocupação portuguesa, diferindo só no quadro de época e na riqueza do detalhamento. Gandavo e Cardim flagram o Brasil do século XVI e Benci e Antonil o do século XVIII. As áreas econômicas são o centro de referência e a atenção com o índio (ainda presente em Cardim) dá lugar ao escravo (enfático em Benci). O auge é Antonil.

Pero de Magalhães Gandavo realiza o primeiro momento, redigindo o *Tratado da terra do Brasil* na forma de um texto curto, escrito entre 1568 e 1569. Gandavo descreve as áreas de implantação da lavoura de cana e de fumo e de criação de gado com que a colonização portuguesa povoa o litoral nesse seu início, arrolando de permeio minucioso relato da flora e da fauna, além da riqueza mineral, numa primeira parte, capitania por capitania, deixando para uma segunda o balanço sintético "das cousas que são geraes por toda costa do Brasil", aí situando as fazendas e formas de uso da terra ao mesmo tempo que pondo em contraponto os modos de vida do colono e das tribos indígenas. O livro se complementa em outro, *História da província de Santa Cruz, a que vulgarmente chamamos Brasil*, de 1576, em que Gandavo se volta para o inventário do povoamento e os conflitos que daí advêm com os índios, num partido claro dos portugueses.

Fernão Cardim (1548-1625) faz igual narrativa e no mesmo período de tempo, mas na forma de três relatórios – *Do clima e terra do Brasil e de algumas cousas notáveis que se acham assim na terra como no mar, Do princípio e origem dos índios do Brasil e de seus costumes, adoração e cerimônias* e *Narrativa epistolar de uma viagem e missão jesuítica pela Bahia, Ilhéus, Porto Seguro, Espírito Santo, Rio de Janeiro, São Vicente (S. Paulo), etc, desde o ano de 1583 a 1590* –, que, publicados parcialmente em nome de outro autor (Manuel Tristão) na Inglaterra em 1865, só entre 1881-1885 terão sua autoria reconhecida e serão reunidos num só livro com o título de *Tratados da terra e da gente do Brasil*, com isso defasando no tempo o livro de Gandavo. De composição heterogênea, o *Tratados* de Cardim é mais enfático no enfoque da terra e do homem que o de Gandavo. Serve de linha de passagem da literatura quinhentista dos viajantes para a dos cronistas que perdurará por três séculos e muito bem a representa. O olhar de alteridade, no estilo dos viajantes, é o tema do segundo relatório. E a descrição factual da terra e suas formas de ocupação colonial, que será o estilo dos relatórios seiscentistas, setecentistas e oitocentistas, num típico sentido de espaço, a terra substituindo a natureza e o homem o índio, é o conteúdo do primeiro e do terceiro relatórios.

Jorge Benci destoa desse quadro. Jesuíta como os outros, Benci descreve as formas de povoamento e ocupação da terra, mas para condenar a condição do trabalho e as formas reinantes de relação com o escravo, nascendo da crítica a *Economia cristã dos senhores no governo dos escravos*, um título de fundo ético, publicado em 1700, no qual visa oferecer um conjunto de regras de relacionamento no modo a seu ver mais condizente com os princípios de uma civilização vazada no cristianismo. O índio é aí substituído pelo negro escravo, a descrição dos arranjos societário e econômico do espaço colonial servindo para enquadrar suas críticas. *Panis* (o pão), *disciplinae* (o ensino dos valores) e *opus* (o trabalho) são o tripé de relação que propõe, condenando a monocultura (pelo descuro com a cultura alimentícia), o castigo (substituto do ensino dos princípios educativos) e o trabalho de sol a sol (extenuante) como o tripé da prevalência. A jornada do trabalho, a forma do uso da terra e o modo de vida do engenho são os temas analisados em minúcias e reprovados junto a suas formas de arranjo de espaço insistentemente.

João António Andreoni (1649-1716), mais conhecido pelo pseudônimo de André João Antonil, é a expressão mais típica da fase de relatórios, pelo painel amplo e o teor quase analítico da descrição que faz da organização espacial da Colônia, a caminho do seu momento de auge e de crise. Chegado ao Brasil em 1681 junto ao padre Antônio Vieira, do qual sofre enorme influência, dele extraindo o domínio do tema e o veio crítico que põe nas páginas do *Cultura e opulência do Brasil*, falece na Colônia em 1716. Publicado em 1711, esse livro presencia o surgimento do ciclo da mineração e o início da crise do ciclo canavieiro. Os efeitos destrutivos do modo de uso da terra, os malefícios do domínio exclusivo da monocultura, a voraz rapidez do consumo do espaço estão entre os tantos problemas e males que já então anuncia, mesmo que contribuindo para consolidar um tipo de literatura em que o olhar sobre a terra, o solo espacial, deixe de lado a reflexão sobre a natureza e o índio da literatura quinhentista. Discípulo de Vieira, Antonil faz duo, numa face mais voltada para os problemas do uso do espaço que para os éticos do trabalho escravo, com o seu amigo Benci, um completando o inventário descritivo-analítico do outro. Antonil centra seu olhar apurado no quadro da organização geoeconômica do espaço do açúcar, do fumo, do gado e das minas. Descreve em pormenor os detalhes dos seus arranjos, os polos centrais de referência e seus complementos, dentro das fazendas e das minas, seus âmbitos de relacionamento no quadro da Colônia. Não lhe escapam as relações de classes, os esquemas do excedente e acumulação, os entrelaçamentos de mercado, o papel ancilar do fumo e do gado, o problema da negligência com a produção alimentícia, ao lado das crises de abastecimento das cidades, os sinais de emergência e os conflitos que envolvem o começo da mineração. Dentro desse painel é que vê e trata dos problemas da escravatura. A transição da escravização do índio para a do negro africano, a doutrina dos três "pês", pão, pau e pano, condenada por Benci, a função reprodutiva e o significado estrutural do plantio da mandioca pelo próprio escravo, a divisão do trabalho entre engenho e casa-grande, o excessivo consumo da lenha, a rápida devastação da floresta, a sujeição dos rios, são temas que para Antonil só aí têm lugar.

Um ponto de inflexão nessa literatura de cronistas vem com a *História das coisas naturais do Brasil*, de George Marcgrave (1610-1644), geógrafo alemão que chega junto à missão holandesa de Maurício de Nassau, fortemente inspirado no clima que daria origem à *Geographia generalis* do seu contemporâneo Bernard Varenius. Conta então 28 anos de idade. Praticamente ilhado na região de domínio holandês, traça, entretanto, um detalhado quadro das formas de vegetação do Brasil a partir do que vê na área de influência canavieira de Pernambuco, à época praticamente toda a Zona da Mata nordestina, partindo da flora para o plano global da natureza. De visão holista, arrola a flora, a geologia, as características do terreno e as formas de ocupação indígena da terra, mapeando a ambiência correlata da natureza e do homem numa noção em que região e modo de vida dos habitantes se conectam profundamente.

Distingue-se também desse quadro a *Viagem filosófica pelas capitanias do Grão-Pará, rio Negro, Mato Grosso e Cuiabá*, de Alexandre Rodrigues Ferreira, de 1785, um brasileiro com formação em botânica na Universidade de Coimbra. Designado em 1783 pelo rei de Portugal para realizar uma viagem pelo interior do Brasil com a tarefa de recolher espécimes da flora brasileira, no interesse de reuni-las no Jardim Botânico de Lisboa, Ferreira dirige-se sobretudo para a Amazônia, igualmente recolhendo e registrando em inúmeros desenhos os aspectos da flora que vai encontrando no caminho, ao mesmo tempo que descreve os quadros da paisagem correspondente, acabando por reunir no acervo que manda para Portugal um completo inventário da natureza no Brasil.

A rigor, Marcgrave e Ferreira expressam a atenção que desde o século XVII os naturalistas da Europa passam a dar aos estudos da natureza a partir da flora e da fauna e que marca a fase de entrada do conhecimento científico que vai dar na visão mais sistemática do século XVIII cujo ponto de referência é o sistema de classificação que Carl Lineu (1707-1778), com o *Systema naturae*, e G. Buffon (1707-1788), com a *História natural*, criam, desde então atraindo para o Novo Mundo a plêiade de naturalistas que visitam o Brasil e cujo auge é o século XIX, com sua chegada na forma de missões de governos. É sobretudo essa etapa novecentista que responde por uma literatura de naturalistas na qual sinteticamente se juntam o estilo da literatura dos viajantes e dos cronistas, como a *Viagem pelo Brasil*, de Spix e Martius, de 1823, *Viagem pelo interior do Brasil*, de Saint-Hilaire, de 1820-1887, e *Viagem fluvial do Tietê ao Amazonas*, de Langsdorff e Hercules Florence, de 1848. Na origem dessas obras, a influência incisiva da *Geografia das plantas*, de Alexander Von Humboldt, de 1807, e a filosofia da natureza de Schelling, o mestre do holismo e da estética romântica que está na base da Geografia integrada de Humboldt.

Johann Baptist Von Spix (1781-1826) e Carl Friedrich Philipp Von Martius (1794-1868) são dois naturalistas (Spix é botânico e Martius zoólogo) que vêm ao Brasil junto à missão austríaca que acompanha a princesa Leopoldina com a função de empreender vasto programa de inventariação da flora e da fauna brasileira a serviço do seu governo. Para cumpri-la, Spix e Martius traçam um roteiro de viagem de Rio de Janeiro e São Paulo a Belém, que realizam entre 1817 e 1820. O percurso tem por eixo o vale do São Francisco, de onde Spix e Martius chegam ao Nordeste e daí, pelo meio-norte, entram na Amazônia por Belém, mapeando todo o trecho Leste, Nordeste e Norte do Brasil. *Viagem pelo Brasil* é o escrito dessa viagem. Nessa longa caminhada por vias fluviais e terrestres em lombo de animais, que alterna paisagens humanizadas e outras ainda naturais, Spix e Martius fazem o registro do Brasil povoado e ainda a povoar das regiões mais ocupadas do Leste, Nordeste e Norte. Extasia-os o belo da paisagem, a riqueza e o inesperado da flora e da fauna, Spix mais se dedicando à recolha e registro a bico de pena de espécimes da fauna e Martius da flora, ao lado de detalhes da geologia e do clima, tudo mesclado ao detalhamento do espaço do homem, o índio, o negro e o colono, impressionando a Martius a diversidade e reiterada presença das palmeiras, que descreve com entusiasmo na *Flora brasiliense*, publicada em 40 volumes entre 1840 e 1906, mas enerva-os a escravidão e os maus-tratos aos escravos e espanta-os a rapidez da ocupação.

Auguste de Saint-Hilaire (1779-1853) segue um roteiro de viagem ao contrário. A sequência de obras que compõe a *Viagem pelo interior do Brasil* (*Viagem às províncias do Rio de Janeiro e Minas Gerais*, 1830, primeira parte; *Viagem ao distrito diamantino e litoral do Brasil*, 1883, segunda parte; *Viagem às nascentes do rio São Francisco e à província de Goiás*, 1847-1848, terceira parte; *Viagem pelas províncias de São Paulo e Santa Catarina*, 1851, quarta parte; e *Viagem ao Rio Grande do Sul*, 1887), parte de uma obra com mais de 40 títulos, abrange do Rio de Janeiro e São Paulo a Minas Gerais e Centro-Oeste com rumo para o Sul, para Santa Catarina e Rio Grande do Sul. Realizadas à mesma época, os anos 1810-1820, e tendo Rio de Janeiro, São Paulo e Minas Gerais como áreas de interseção, a *Viagem pelo Brasil* de Spix e Martius e a *Viagem pelo interior do Brasil* de Saint-Hilaire se complementam para formar o todo do painel do espaço brasileiro do começo do século XIX e do Brasil independente. Botânico de formação, Saint-Hilaire esteve no Brasil por seis anos, percorrendo-o de 1816 a 1822. Nesse tempo perscruta o centro-sul do Brasil com a mesma argúcia e interesse com que Spix e Martius percorrem o Leste-Nordeste-Norte. Indaga-o com as mesmas perguntas. E move-se com a mesma perplexidade e sentimento. Todavia, não reúne espécimes e não vê o mesmo que aqueles. Embora a paisagem das matas e as acidentações do terreno do ponto de partida de suas viagens sejam as mesmas, o que a partir daí veem difere substancialmente. A paisagem do Sul vai progressivamente diferindo do resto do país diante de Saint-Hilaire, nas formas da vegetação, na composição da flora e da fauna, no modelado do relevo, na regularidade climática e dos rios, na tipologia étnica, nas formas de ocupação da terra. Mas difere, sobretudo, o forte sentido de historicidade que, como francês, Saint-Hilaire impregna sua visão da paisagem brasileira.

Georg Heinrich Von Langsdorff (1774-1852) é um naturalista vindo ao Brasil junto à missão russa em pesquisa pela América do Sul em 1803. Todavia, só quase duas décadas depois a paisagem brasileira torna-se seu real objetivo. É quando se torna o cabeça de um elenco de botânicos, naturalistas, pintores e fotógrafos, em particular Antoine Hercules Florence (1804-1879) e Johann Moritz Rugendas (1802-1858), que empreende uma sequência de viagens ao interior do Brasil, a primeira de 1822 a 1825 pela região de mineração em Minas Gerais, e a segunda de 1825 a 1829, pela Amazônia. Move-o a teoria que então se dá entre os naturalistas europeus de que está nos estudos de botânica e zoologia o caminho para uma explicação sintética dos processos da vida no planeta, as paisagens naturais vindo a adquirir um lugar proeminente em suas pesquisas, em particular o papel que atribuem às paisagens brasileiras. Daí sua ênfase na Amazônia, motivo da segunda viagem, para onde parte após a primeira, realizada pelo leste brasileiro, aí vindo a adoecer, retornando à Europa sem realizar seu intento. *Viagem fluvial do Tietê ao Amazonas* é o fruto dessa segunda viagem, redigido, entretanto, por Hercules Florence, entre 1825 e 1828. Numa espécie de fechamento do painel descrito por Spix e Martius e Saint-Hilaire, *Viagem fluvial do Tietê ao Amazonas* detalha a paisagem de um percurso pouco explorado por estes, suas duas viagens carregando como que um significado simbólico em que se evidencia de um lado, com a segunda, um quadro da natureza e do homem da Amazônia que por algum tempo não será retomado e de outro, com a primeira, o de uma paisagem do Rio de Janeiro e de São Paulo que dali a pouco será tomada pela avalanche cafeeira.

O quadrado seminal

Em 1988, à guisa de comemoração dos 50 anos da *Revista Brasileira de Geografia*, uma espécie de órgão oficial da instituição criado em 1939, o IBGE publicou um número especial, com o título *Clássicos da Geografia*, reunindo textos de Pierre Deffontaines, Leo Waibel e Francis Ruellan, além de Fábio de Macedo Soares Guimarães e Emmanuel De Martonne. Fosse uma comemoração dos marcos dos 54 anos da fundação da Geografia universitária brasileira e bastaria acrescentar aos três primeiros Pierre Monbeig. A que se poderia enriquecer com textos de Delgado de Carvalho, Antonio Raja Gabaglia e Everardo Backheuser, espécies de pré-fundadores, aos quais aqueles frequentemente reportam (Machado, 2009).

Pierre Deffontaines é o primeiro da série de geógrafos franceses convidados para fundar os cursos universitários de Geografia no Brasil, vindo em 1934 para São Paulo, com o fim de fundar o curso de Geografia da USP, transferindo-se a seguir para o Rio de Janeiro para fundar o curso da UDF. Pierre Monbeig é o segundo na ordem de sequência, vindo no ano seguinte, justamente para ocupar o lugar aberto por Deffontaines. Leo Waibel chega posteriormente, vindo a convite direto para a realização de trabalhos de pesquisa e orientação no IBGE. Francis Ruellan, por fim, é o marco, junto a Emmanuel De Martonne, da fase mais propriamente inaugural da Geomorfologia brasileira. Deffontaines é, talvez, dentre os quatro fundadores, o de maior influência teórica e metodológica na formação do pensamento geográfico brasileiro, provavelmente por ser o que mais se volta para a constituição de um quadro de referência de interpretação global da organização do espaço brasileiro e a partir de um modelo unitário mais próximo do ideal de integração. Monbeig é, entretanto, dentre eles o estudioso mais multidirecionado, deixando como referência estudos seminais das cidades brasileiras, da formação do espaço agrário via o movimento das frentes de expansão agrícola e de teoria e do ensino da Geografia, em livros e na forma de textos que depois reúne em livros, cobrindo um lapso de tempo de 15 anos. Waibel vai influir principalmente no estudo das paisagens em que vegetação e formas de ocupação da terra se relacionam num mesmo intrincado de arranjo e das relacionadas aos núcleos de imigrantes, também deixando seus escritos em textos que são depois reunidos numa publicação em livro. Ruellan, por fim, vindo no mesmo momento de Waibel para lecionar nas universidades brasileiras e também orientar pesquisas no IBGE, deixa como referência estudos detalhados da formação geológico-geomorfológica do espaço brasileiro em sua escala global e regional do Sudeste.

Não se limitam estes fundadores, entretanto, a reproduzir o pensamento geográfico que trazem de fora. Intervêm fortemente na interpretação do real-concreto e na formação de um pensamento geográfico voltado para a análise da realidade geográfica do espaço brasileiro. É o que se dá com Deffontaines, trazendo e adaptando à realidade concreta do país a matriz de pensamento geográfico de Brunhes. Com Monbeig, de linha vidaliana, e que a traduz em leitura dessa realidade num diálogo intenso com intelectuais como Caio Prado Jr., com o qual trava um convívio de forte reciprocidade de influências. Com Waibel, na sua busca de firmar um quadro de referência teórica, metodológica e cartográfica das interações planta-solo-ocupação do solo. E com Ruellan, que sistematiza, à luz do diálogo com os estudos geológicos e geomorfológicos já existentes, um formato próprio de interpretar o quadro das paisagens onde aqui e ali relevo-clima-hidrologia interagem e regionalizam situações espaço-ambientais diferentes. E o fazem no estilo muito característico dos seus países de origem: num constante diálogo entre si.

As obras e referências

A forma de Geografia que chega com esses quatro geógrafos é a da tradição integrada, coincidentemente cada qual praticamente representando uma das três facetas com que a Geografia mundial se formata a partir dos anos 1930-1940: Deffontaines e a visão integrada por interação holista, Monbeig por superposição de camadas, Waibel por conexão por um elo do meio, Ruellan externando uma visão integrada mais *sui generis*, se assim podemos considerá-los.

São visões que respectivamente se materializam em quatro obras, principalmente: *Geografia humana do Brasil*, de Deffontaines, de 1939 (com reedições de 1940 e 1952), *Pioneiros e fazendeiros de São Paulo*, de Monbeig, de 1952 (o projeto é de 1937 e a redação é de 1949), mas só publicado no Brasil em 1984, *Capítulos de Geografia tropical e do Brasil*, de Waibel, coletânea reunindo textos escritos e publicados entre 1947 e 1950, de 1958, e *O escudo brasileiro e dobramentos de fundo*, de Ruellan, de 1952.

A *Geografia humana do Brasil* de Deffontaines distingue-se pelo enfoque integrado a partir da associação orgânica dos elementos, na linha de Brunhes. O texto conheceu três diferentes edições. A primeira é de 1939, publicada em três números (1, 2 e 3, ano I), da *Revista Brasileira de Geografia*, repetida a seguir em três números, 46, 47 e 48, do *Boletim Geográfico*, ambos periódicos do IBGE. A segunda edição é de 1940, também do IBGE, numa publicação em separata comemorativa dos Centenários de Portugal. E a terceira, por fim, em livro, de 1952, que aqui usamos, numa publicação acrescida do texto *O que é Geografia humana*, disponibilizada pelo autor em 1943.

Deffontaines divide o livro em quatro partes. A primeira é a exposição do quadro da natureza, visto num enfoque de História natural territorializada e das metamorfoses paisagísticas que ela sofre no interior da evolução da História sociocultural brasileira. A segunda e a terceira referem-se às formas com que nessa relação a ação do homem a humaniza. E a quarta remete às formas e aos princípios econômicos orientadores dessa transformação enquanto uma combinação espacial de História natural e História social. A perspectiva analítica de Brunhes, dos fatos da Geografia humana que viram uma Geografia da História, é aqui visível.

A natureza é vista por Deffontaines como uma história do solo, a História geológica que se combina com a História geomorfológica, num processo de que advêm as formas de relevo, sua repartição no espaço e sua lógica de relações. Deffontaines chama a atenção para a vinculação desse quadro com a história do Gondwana, no contraste topográfico que antepõe litoral e interior, com terrenos cristalinos e serranos exumados no litoral oriental e planaltos com o cristalino coberto de capeamentos recortados em chapadas sedimentares no interior, acentuados nos detalhamentos pelos movimentos de tectônica presentes em todo o território e pelas condições climáticas atuais e dos períodos da glaciação quaternária. A presença de Brunhes aqui se evidencia sobretudo no método, em que a descrição já nasce prenhe da possibilidade da explicação e as formas da paisagem emergem casadas com a identificação dos processos, numa elucidação analítica da relação recíproca. Quando, então, Deffontaines passa para a agregação do clima, do solo, da hidrografia e da vegetação, o quadro integrado do movimento histórico dos processos e formas apenas aumenta em escala de complexidade. Eis o que lhe permite introduzir sem quebra de continuidade o homem na escala das temporalidades, esmiuçando no nível do detalhamento dos recortes de espaço o detalhe físico que deixara propositalmente de fora no traçado do conjunto do quadro territorial correspondente da natureza, sobretudo porque não mais se trata de recortes de espaços regionais, mas ambientais de escalas de espaço-tempo em que o homem e a natureza aparecem sob o enfoque da relação recíproca, a descrição dos ambientes do tipo o homem e a montanha (a montanha barreira, a montanha mineira, a montanha horticultora, a montanha zona industrial), o homem e o clima, o homem e o rio, o homem e o litoral, o homem e a floresta, se tornando uma marca característica do autor.

O capítulo do homem é um aprofundamento e uma visualização dessas relações espaciais analisadas no primeiro, numa escala de planos agora mais sistemáticos no qual Deffontaines vincula os contextos dos ambientes ao conceito e escalas de gêneros de vida. É assim que depois de um rápido quadro descritivo da distribuição dos efetivos demográficos, passa ele à análise dos gêneros de vida constitutivos das formas do espaço geográfico brasileiro na sua escala sistemática: a fazenda, o modo de vida caboclo, o comércio ambulante, os modos de vida urbanos.

A fazenda é assim vista. Distinguida em fazenda de plantação e fazenda de gado, no fundo dois gêneros de vida para Deffontaines, ela é um micromundo e uma empresa em sua forma de organização ao mesmo tempo. Antes de tudo, distinguem-se como ambientes geográficos. A de plantação identifica-se ao ambiente costeiro e florestal. A de gado ao ambiente seco e mais elevado dos planaltos dos cerrados e campos do interior. E distinguem-se também pela forma de vínculo com o todo. A fazenda de plantação é aberta, por seus vínculos com o mercado. A fazenda de gado é fechada, voltada para si mesma. Por isso, seus elementos e arranjos de espaço são diferentes. O espaço geográfico da fazenda de plantação é um tríplice agregado de casa-grande (a sede do micromundo), o terreiro de tratamento do produto agrícola e o conjunto dos alojamentos da mão de obra, agregado que centraliza e comanda as extensões dos plantios que se alongam no horizonte em espaços sem fim tomados à floresta. Já o espaço da fazenda de gado é centralizado por uma rede de proporções modestas, dado um certo absenteísmo do dono, desdobrada na morada dispersa dos vaqueiros, cabanas toscas com ponto de referência na localização do curral, tudo em meio a pastagens naturais extensas e pouco alteradas a perder de vista. Não raro, a sede da fazenda, de plantação ou de gado, evolui para transformar-se em vila e cidade e a fazenda em município, que aqui e ali se multiplicam no tempo.

Os gêneros de vida do caboclo formam um mundo próprio. Localizado à frente ou à retaguarda da linha de avanço da ocupação e povoamento do território pela grande cultura de exportação – a linha de desbravamento –, o caboclo se organiza numa diversidade de modos de vida que em tudo difere daquele das fazendas. Organizado em estrutura familiar ou aldeã, ele desenvolve atividades de subsistência em áreas de floresta ou litorâneas ainda não ocupadas ou já abandonadas pelo avanço da grande cultura, aqui como uma comunidade de posseiros e acolá como uma comunidade caiçara ou de pescadores, distribuindo-se de forma ora dispersa e ora concentrada numa infinidade de lugares.

De permeio entre a fazenda e a comunidade cabocla, instala-se um universo de pequenos proprietários fundiários advindos do parcelamento da grande propriedade, em particular de fazendas de plantação, geralmente nas áreas de abandono e decadência da lavoura, voltando-se para o abastecimento alimentar das cidades, numa terceira forma de gênero e modo de vida.

Se assim é no geral das áreas rurais, também é nas cidades, onde surge e evolui uma diversidade de formas de gêneros de vida, como o modo de vida do operariado das fábricas, com seus bairros arrumados ao redor e ao lado do estabelecimento fabril, ou das favelas localizadas em áreas dispensadas pela ocupação urbana.

E no contato do campo e da cidade, beneficiado pela dispersão e pela insipiência das condições de mercado da cidade, viceja o gênero de vida do mascate, um comerciante ambulante que a pé, em lombo de burro ou em pequenos caminhões, leva o comércio aos diferentes lugares, realizando a função de ligar cidade e campo e entre as áreas rurais, enquanto a circulação das ferrovias e estradas não vem.

Fecha o livro o capítulo da economia, num alargamento da sistematização dos modos de relação homem-meio agora na forma do que se pode dizer o arcabouço geral de ocupação humana do território nacional, como num esboço de uma divisão territorial global de trabalho por vir. Aqui a História social superpõe-se à natural do solo no conjunto do todo do espaço, a História político-cultural entrecruzando e integralizando espacialmente uma na outra. A chave é a ocupação do território brasileiro por ciclos econômicos que vão incorporando, recriando e substituindo a diversidade natural e o modo pré-colombiano baseado na policultura ou na simples extração, na queimada e na rotação de terras dos índios por um modo escravista e mercantil de organização apoiado na monocultura e nos vastos lastros de terra das fazendas de plantação e de gado, em que a devastação em larga escala da cobertura florestal e de campos se combina à dos efeitos de manutenção da queimada e da rotação de terras como forma de incorporação de espaços. É quando a prática do avanço contínuo da linha de desbravamento – a frente pioneira – gera e dissemina ao mesmo tempo para trás e para a frente os gêneros de vida cabocla em áreas geralmente quedadas ou ainda não recuperadas do esquecimento.

Os ciclos são o motor dessa dinâmica de espaço e movimento da Geografia agrícola por sua alternância entre expansão e mutação locacional, aqui da cana e do café e ali dos produtos de suprimento urbano da pequena propriedade identificada com o fumo, o arroz, o algodão, os legumes, o trigo e os produtos de autossubsistência da comunidade cabocla com suas culturas de banana, mandioca, cereais, frutas e peixe, às vezes entre si coexistentes e complementares.

Seja como for, a indústria e os meios modernos de transporte e comunicação vão introjetando-se nos espaços desse mundo de ciclos e áreas de expansão desigual, multiplicando, impactando e aumentando a população das cidades com demandas que vão obrigando os gêneros de vida a desaparecer ou a transformar-se, no que o espaço brasileiro, acompanhando o desenvolvimento dos meios de circulação em que as estradas e as linhas de comunicação aérea se somam às ferrovias, caminhos fluviais e marítimos, com a comunicação do rádio sempre chegando na frente, vencendo as distâncias e os isolamentos e integrando o espaço brasileiro a partir, acima e por dentro das contingências sociais e físicas, vai sendo levado a reordenar-se e a entrar num novo tipo de arranjo e dinâmica.

Pioneiros e fazendeiros de São Paulo de Monbeig pauta-se na modalidade da integração por sobreposição em camadas. Nele as esferas física e humana vão se superpondo, num acamamento mais mecânico que orgânico de integração, bem no estilo da Geografia regional de Vidal de La Blache. Trata-se da tese de doutorado que Monbeig desenvolve a partir de projeto apresentado a Albert Demangeon, discípulo de primeira geração de Vidal e seu orientador, em 1937, antes de seu retorno à França, em 1946, que ganha a forma final de texto e só é defendida como tese em 1949, e assim publicada em livro em 1952. A edição brasileira, aqui utilizada, é de 1984. Seu conteúdo e linha investigativa já estão, entretanto, presentes no projeto e nos textos que Monbeig publica entre os anos 1930 e 1950, como *As zonas pioneiras do estado de São Paulo*, de 1937, *A zona pioneira do norte do Paraná*, de 1939, *As estruturas agrárias da faixa pioneira paulista*, de 1951, e o *Pequeno ensaio sobre a Geografia econômica do café*, de 1954, os dois primeiros reunidos na coletânea *Ensaios de Geografia humana*, de 1940, e os dois últimos em *Novos estudos de Geografia humana brasileira*, de 1957, duas obras que formam na prática um único livro, ao lado dos textos de estudos da cidade, circulação e teoria, incluídos nessas mesmas coletâneas, e que levam o olhar de Monbeig a uma pluralidade maior que o de Deffontaines, porém mais pontual da realidade espacial brasileira, e a assim aparecer como um geógrafo seminal, seja da Geografia agrária, seja da Geografia urbana que já com ele semi se setorializam como campo.

Monbeig divide seu livro em três partes. A primeira é a apresentação descritiva do quadro físico, a base sobre a qual vai fazer desenrolar-se o quadro histórico com seus elementos econômicos e psicoculturais de ocupação e povoamento do espaço. A segunda é a narrativa da epopeia do povoamento, feita à base das fases e marchas da fronteira de expansão agrícola. A terceira é a análise do quadro atual da região então formada e das novas estruturas advindas das transformações pós anos 1930. Fica a dúvida se é um trabalho de Geografia agrária ou de Geografia regional, a questão ficando dissolvida na ambiguidade dos estudos vindo a ser feitos sob sua influência mais à frente, que Monbeig está ajudando a criar. O papel diversificador dos tipos étnicos ao lado do polarizador da cidade e unificador dos meios de circulação, primeiro da ferrovia e depois da rodovia, que se desenvolve acoplado e junto à marcha do café, afirma o seu tom regional, mais que agrário, este sendo o motivo daquele. Todavia, o caráter de frente, que se antevê no contraponto entre o antes e o depois da chegada da marcha cafeeira ao Planalto Ocidental de São Paulo e ao norte do Paraná, com que Monbeig cuida de por antecipação informar ter por tema de estudo ao leitor, é um puro discurso do que em breve vai ser, ao lado da influência de Waibel, uma das vertentes da Geografia agrária brasileira.

Monbeig abre assim o livro com a montagem do quadro da natureza. A região cafeeira, mostra ele, é o domínio da transição e de contato entre quadros naturais diversos, com suas determinações específicas sobre o modo e maneiras de ocupação humana. Os planaltos do Brasil central, meridional e oriental têm seus pontos de interseção e contato justamente no território do planalto de São Paulo, até onde geológica e pedologicamente chegam e se esparramam vindos respectivamente de noroeste, oeste e leste. A longa linha da depressão periférica que separa o Planalto Cristalino do Planalto Meridional, divide o Planalto Paulista em três partes, em que de leste para oeste se sucedem o Planalto Cristalino, a depressão periférica e o Planalto Ocidental, três unidades de compartimentação que se diferenciam pela composição geológica, pelo modelado do relevo, pela topografia e pela composição dos solos. Grande divisor dos três, a depressão periférica distingue-se por seu aspecto de um longo corredor de direção quase norte-sul, disposto entre os outros dois.

A marcha cafeeira evolui de leste para oeste, sobrepondo-se a cada vez a cada uma destas três unidades geológico-geomorfológicas, em distintas fases históricas. O Planalto Oriental é o domínio dos terrenos primitivos e primários, tratando-se de um escudo cristalino fortemente fragmentado por linhas e falhas tectônicas de sentido ortogonal que os rios usaram para entalhar seus vales e os homens vindos do litoral para aceder o interior e desse modo vencer a barreira montanhosa da Serra do Mar. Ocorre aí a primeira fase da marcha do café em São Paulo, vinda do Rio de Janeiro. A depressão periférica é um longo corredor de terrenos paleozoicos (permianos) dispostos entre o relevo mais elevado e serrano do Planalto Atlântico a leste e as escarpas da *cuesta* do Planalto Ocidental a oeste, por onde no ciclo da mineração se fez o contato dos rebanhos bovinos e muares vindos do sul rumo às cidades e centros mineiros do Planalto Central e que as ferrovias irão tomar como leito de passagem e comunicação de São Paulo com o interior do país. Aí ocorre a segunda fase. O Planalto Ocidental, por fim, é o domínio dos terrenos arenito-basálticos, que a partir das *cuestas* descem num declínio geral de altitude de leste para oeste, orientando na mesma direção o curso dos rios que correm para a calha do Paraná. São cursos d'água que aproveitam o feixe de paralelas traçado pelas linhas de fratura tectônica em todo o Planalto Ocidental para aí escavar seu leito, fracionando-o numa sucessão de vales e interflúvios em forma de alongados espigões. Aí ocorre a terceira fase.

A distribuição dos solos confunde-se com estas grandes unidades do relevo e fases da marcha do café. No Planalto Ocidental, a linha de *cuestas* do rebordo é o domínio da terra roxa, solo proveniente da decomposição do basalto e caracterizado pela presença de argilas lateríticas de alta fertilidade muito procurado pelo café, a cujo derredor se estendem as terras mais dissecadas e de solos arenosos e pobres do arenito Botucatu. O topo dos interflúvios é o domínio dos solos misturados e de boa fertilidade do bauru superior. E as encostas dos vales o da alternância de solos oriundos do bauru inferior, manchas de basalto e terra roxa e solos vindos do arenito caiuá.

O quadro climático e botânico sobrepõe-se a esse complexo geológico-geomorfológico-pedológico, com as mesmas características de contato geral e de transição espacial. Três massas de ar têm aqui o seu encontro, a equatorial continental (Ec), a tropical atlântica (Ta) e a polar atlântica (Pa), a que no verão se vai somar a tropical continental (Tc). Esse encontro e entrecruzamento determina as características de pluviosidade e temperatura e assim o tipo e a diversidade da situação climática e de cobertura vegetal que se entrosam e reforçam o plano recíproco das influências naturais e da marcha do café. Este caráter transicional é a origem da queda da estabilidade que ocorre de leste para oeste, sendo o tempo mais instável na área dos espigões e vales, dado reduzir-se nessas áreas a ação da massa Ta e aumentar a da massa Ec, a massa Ta praticamente dominando aí a partir da primavera. A massa Ta traz a estiagem de inverno e a Ec as chuvas de verão, com problemas de uniformidade. A marcha combinada das duas estações determina o calendário agrícola e as condições de mobilidade da expansão cafeeira.

Todavia, uma mesma formação vegetal, a floresta atlântica, domina a paisagem, e sobrepõe-se em aparente uniformidade ao quadro diverso da geologia, do relevo, do solo e do próprio clima. Sobranceira aos recortes desses quadros, a Mata Atlântica estende-se de leste a oeste, portanto do litoral aos confins do Planalto Ocidental, limitando-se ao norte com o cerrado e ao sul com a Mata de Araucárias. No detalhe, porém, o planalto é um todo diferenciado. Num primeiro plano, chama a atenção o aspecto de "pele de onça" criado pela alternância espacial da mata e dos campos abertos, e a correspondente alternância de solos férteis e solos pobres, como se o Planalto Central invadisse, às avessas, com o seu visual, a paisagem do Planalto Ocidental Paulista. E com o reforço de aí termos, numa reprodução em miniatura, a correlação mata-plantação e campos-pecuária que temos na escala da ocupação histórica do espaço nacional. Por outro lado, internamente, no plano estrutural, a floresta diferencia-se em perfil e composição de espécies, sendo mais densa e diversificada junto aos solos de terra roxa e bauru superior e mais pobre e variada junto aos solos arenosos, onde dá lugar à vegetação aberta dos cerrados e campos. Os colonos do café perceberam na prática essas diferenças internas da floresta, identificando pelas áreas de maior densidade e de árvores mais altas e frondosas as de solos de maior fertilidade e por aí avançaram a marcha da expansão.

A ocupação humana deu-se em ondas reversas de ciclos de crise e prosperidade do câmbio e do mercado, sob o comando do capital cafeeiro dentro e nos termos desse quadro conjunto. Posto por trás da marcha cafeeira, o interesse de investimentos mais lucrativos fez coincidir os momentos dos ciclos e os de avanço e recuo da marcha, respectivamente, nem sempre por isso coincidindo a organização dos arranjos, traçada segundo as instâncias do meio natural, e a orientação do uso do espaço, determinada economicamente.

Aqui cabe distinguir o fazendeiro e o investidor, em geral confundidos na figura do grande cafeicultor em razão de, muitas vezes, o próprio grande proprietário provir da esfera da acumulação mercantil, diversificando seus negócios ao ir para a esfera da agricultura. Alguns vêm do ramo do comércio de atacado e varejo. Outros do negócio de compra e revenda de gado e de mulas. Outros mais do enriquecimento no tráfico de escravos. E outros mais ainda do ramo de exportação. Chegados à esfera da agricultura, os caminhos são diversos. Muitos logo se tornam construtores e gerenciadores de ferrovias, viram especuladores de terras nas áreas de fronteira, quando não importadores e fornecedores de máquinas e sócios influentes de instituições bancárias.

Seja como for, o interesse da finança dita a direção, forma do arranjo e o rumo da marcha cafeeira, moldando o espaço na escala macro e deixando a moldagem da escala local do arranjo para o quadro físico. O ritmo, porém, dita-o o humor do mercado e do câmbio em seus ciclos de crise e de prosperidade, em função do qual o capital redireciona seu interesse e assim ora impulsiona e ora freia a movimentação da linha da fronteira, numa frente de áreas de ritmo espacial desigual e diferenciado e sem imediata concomitância.

A segunda parte do livro é dedicada à descrição e análise do desenho do arranjo da região cafeeira. Entram agora os homens, neste quadro formado pela natureza e de uso orientado pela volatilidade do capital. Entretanto, são os fazendeiros e os sitiantes, homens que desbravam, conquistam, fixam-se e fazem a terra produzir, os reais pioneiros. A ação do fazendeiro dá, assim, o roteiro dessa parte.

A marcha cafeeira tem seu ímpeto inicial quando a história do café atinge os anos 1880 e a frente de expansão chega a Ribeirão Preto. Vinda em ritmo batido desde quando sai dos maciços intraurbanos da cidade do Rio de Janeiro e atravessa a Serra do Mar rumo ao vale do Paraíba do Sul, a marcha do café segue três fases em terras de São Paulo: o trecho leste do vale do Paraíba do Sul, as áreas dispersas da depressão periférica e a chegada e difusão pelo Planalto Ocidental. É esta última, cujo núcleo histórico é a região de Ribeirão Preto, a realmente de vulto. E divide-se em duas etapas, separadas quase simetricamente pela linha divisória do rio Tietê, com Ribeirão Preto na parte norte e os espigões planálticos na parte sul. O marco temporal de passagem é a crise de 1905. Aqui os tipos de solo demarcam os momentos: a etapa de Ribeirão Preto é a da terra roxa, a dos espigões é a do bauru superior.

Em ambas as áreas o capital vincula a terra ao trabalho assalariado, de modo que as etapas de ocupação do solo são igualmente as da imigração da massa populacional trabalhadora, a fase da depressão periférica servindo nesse caso como uma espécie de balão de ensaio, através da malograda experiência de relações de parceria da fazenda Ibicaba. A região de Ribeirão Preto é o grande centro recepcionador da imigração italiana, intensa a partir de 1870. A dos espigões o é da imigração baiana, que cresce a partir de 1925, quando se arrefece a entrada de italianos em São Paulo.

Predomina em Ribeirão Preto o regime do colonato – trabalho assalariado consorciado ao de um camponês. O colono recebe um salário fixo, acrescido de um extra por pé de café excedente ao do número contratual e ainda de um trato de terra para o plantio de subsistência, que o colono opta por ser nas ruas do café, contrariamente à mais distante oferecida pelo fazendeiro. Não raro, surge aí um conflito de modalidades de arranjo de espaço que vai estar entre as grandes causas da instabilidade da mão de obra na região cafeeira e da sua marcha ascencional para o oeste. Vinga geralmente o modelo do colono, em que produto comercial e produto de subsistência ocupam a mesma área, mas apenas até quando o cafezal adulto não mais permita com seu sombreamento o plantio intercalar de cereais, estimulando o colono a migrar constantemente para as novas áreas da fronteira.

Cedo, assim, a marcha do café ultrapassa a linha do Tietê e chega à área dos espigões, a cujo topo se instala o café. A ferrovia aqui se soma à mobilidade do trabalho, esse duplo combinado empurrando a fronteira para a frente, e levando-a a rapidamente chegar às barrancas do rio Paraná, limite do quadro natural do Planalto Paulista e ponto de inflexão para o sul, onde, por volta de 1930, ruma para o norte do Paraná. A chegada à área do espigão significa uma mudança no modelo de uso da terra e na forma de arranjo de espaço, com o café coexistindo com a ocupação das encostas pelo algodão e o fundo do vale pelo gado, numa diversificação da organização espacial que se intensifica com o advento da rodovia. Esta multiplica as cidades, estimula os loteamentos, que traz para a região cafeeira uma leva de pequenos proprietários, engendrando o sítio, e difundindo a figura do empreiteiro formador de cafezal, encarnado no imigrante baiano.

Forma-se, todavia, nessa distinção espaço-temporal das duas áreas, uma região cafeeira caracterizada por uma diversidade de fazendas em diferentes estádios de idade de organização produtiva, em que cafezais novos e altamente produtivos coabitam com cafezais velhos e de baixa produtividade, um estado desigual que se agrava com a chegada ao limite físico do quadro natural próprio para a cultura cafeeira, sobrevindo com isso a sucessão de crises prolongadas – as mais importantes das quais são as de 1905, 1921 e 1926 –, cujo desfecho é a crise final de 1930, que fecha o ciclo cafeeiro do Planalto Ocidental e leva a economia paulista a entrar em nova etapa.

A terceira parte do livro é a análise desse novo período. Do ponto de vista da marcha cafeeira, marca-o a generalização do uso diversificado do espaço da fase dos espigões, em que o café vai coabitar o espaço com outras grandes culturas, a grande com a pequena propriedade, e o Planalto Ocidental vai se organizar numa divisão de mando entre a fazenda e o sítio, com pano de fundo na modernização da fazenda de gado.

Já antes da crise, o café coexistia no mando do espaço com o gado, ocupando as áreas de matas, terras de solos bons, e o gado as de campos, terras de solos pobres. Assim como o café, a ferrovia, logo seguida da estrada e do caminhão, também chega a essas áreas, indo em seu efeito até as áreas de pecuária do Planalto Central que, estimulada pelo aumento das cidades e da população urbana, migra para a área cafeeira e aí se organiza em invernadas. Com a crise, chega então o sitiante com suas culturas de pequena propriedade, entre elas o algodão.

Os sítios vêm em geral da fragmentação e loteamento da grande propriedade. E seus aliados são as crises da cafeicultura e a rodovia. Uma espécie de símbolo distingue, assim, a era da ferrovia e a era da rodovia na área cafeeira. A ferrovia tem sua época de expansão entre a crise de 1905 e a de 1930. Expandindo-se ao norte e ao sul do eixo do Tietê num ritmo que será maior na parte sul do que na parte norte, carreia para a parte sul a migração de muitos cafeicultores da parte norte, das regiões de Araraquara e de Ribeirão Preto, principalmente. Na parte norte, a ferrovia completa seu avanço indo até Rio Preto e Olímpia, seguindo no rumo do Triângulo Mineiro e dos territórios de Goiás e Mato Grosso. E na parte sul, avança sobre os espigões até os limites do rio Paraná, infletindo para o rumo do norte do estado do Paraná, estimulando no caminho o surgimento de cidades, loteamentos e novos cafezais, num verdadeiro *rush*, e para o oeste, atravessando o rio para chegar ao Mato Grosso. A rodovia vem a seguir, expandindo-se a partir dos anos 1920. O primeiro caminhão aparece na região cafeeira em 1924. E em sua penetração pela franja pioneira orienta-se principalmente para as áreas de pequenas lavouras, em geral posicionadas longe das ferrovias, implementadas basicamente para servir ao escoamento do café. Complementando a função das ferrovias no papel de rasgar a floresta com a abertura de novas áreas de frentes de café, a rodovia abre caminhos laterais e tira os sítios do isolamento, interligando-os ao mercado e escoando seus produtos para as cidades. Com o parcelamento das grandes propriedades, introduzido como a forma de os fazendeiros enfrentarem a crise, e a multiplicação das pequenas, aumenta o número de sítios e o papel de importância da rodovia. A diversificação de áreas e produtos que surge com essa nova forma de uso e arranjo do espaço em todo o Planalto Ocidental traz o declínio do papel da ferrovia e o aumento do papel da rodovia, a fazenda e os sítios pondo-se num pé de igual importância no conjunto do novo modo de organização do espaço em todo o estado de São Paulo.

Um traço característico dessa nova forma de organização é o arranjo do uso da terra que se estabelece na área dos espigões e vales do Planalto Ocidental. O topo segue sendo ocupado pelo café, a meia encosta é ocupada pela cultura do algodão e o fundo do vale consolida-se como área do gado, num arranjo de distribuição que coloca fazenda e sítio lado a lado. Todavia, pode-se estar diante de terras de uma grande propriedade, arrumada na forma de um retângulo estendido ao comprido do topo do espigão ao fundo do vale de modo que, com isso, se beneficie seja da fertilidade do solo do topo, seja da disponibilidade da água do fundo do vale. Aqui, café, algodão e gado se distribuem no mesmo formato-padrão da área, em que o café ocupa o topo, o algodão é plantado a meia encosta por parceiros, que na safra do café se deslocam para o topo como assalariados, e o gado vai para o fundo do vale em invernadas. Ou pode-se estar diante de terra separada em propriedade da fazenda e do sítio, a fazenda mantendo a propriedade e a ocupação cafeeira do todo do espigão e o sítio vindo a instalar-se à base do algodão consorciado a culturas alimentícias na meia encosta, a estrada instalando-se no fundo do vale, ladeando as áreas de invernada, de um terceiro tipo de proprietário.

É quando assoma o papel central da cidade. Em geral, a cidade do Planalto Ocidental tem origem histórica no patrimônio ou na instalação de algum loteamento, enquanto características da área de fronteira. O patrimônio é uma área doada simbolicamente pelo fazendeiro a um santo, em homenagem ao qual ergue um cruzeiro e uma capela, ambos localizados numa ampla praça, ao redor da qual a terra é dividida em lotes urbanos para venda. O conjunto é finalizado com obras complementares necessárias à realização de festas religiosas que atraem anualmente para o local os moradores da vizinhança, ao mesmo tempo que servem para estimular a venda dos lotes, aí com o tempo surgindo um povoado ao redor do patrimônio. A cidade ligada ao loteamento surge de modo parecido. Junto ao loteamento sempre se prevê a instalação de um núcleo urbano, de onde com o tempo deriva também um embrião de cidade. São tipos de cidade que surgem no eixo da ferrovia, a que se acrescentam aquelas nascidas como "bocas do sertão" e "pontas de trilho", que crescem ou são deixadas de lado pelo movimento expansivo da ferrovia e da fronteira agrícola. A chegada da rodovia vai multiplicar as cidades de loteamento. E fazer crescer uma parte nova ao lado da parte velha nascida do trilho da ferrovia. Ao mesmo tempo que promover uma hierarquização nas relações de mercado entre elas, mediante a qual muitas se convertem em cidades regionais, cidades de integração e comando do conjunto das outras cidades que não atingiram a mesma importância central.

Capítulos de Geografia tropical e do Brasil de Leo Waibel reveste-se de um outro perfil, referenciando-se na modalidade de integração coagulada por um nexo do meio, no caso a cobertura vegetal, bem no estilo humboldtiano resgatado pela Geografia alemã da paisagem. Trata-se de uma coletânea de textos publicados no curto tempo em que Waibel esteve no Brasil, vazada na visão do todo integrado da Geografia alemã que Waibel traz de sua ligação com Hettner. Pode-se, para efeito de análise, reuni-los em dois grupos. O primeiro reúne textos publicados fora do Brasil e sem vínculo direto com a realidade do espaço brasileiro, valendo pelo que revela da concepção teórica e de visão integrativa de Waibel. O segundo são os textos escritos e publicados no Brasil e ao contato com a realidade brasileira, expressando o modo como Waibel aplica suas ideias a um contexto de espaço específico e até então por ele desconhecido.

Três textos em particular revelam essa estrutura de pensamento e o modo de aplicá-lo à realidade brasileira, sobretudo chamando a atenção para o modo de entrelace das esferas pelo elo vegetacional do seu modelo teórico.

A vegetação e o uso da terra no Planalto Central é um estudo do entrelace do inorgânico (a base física) e do humano (o modo de uso e ocupação do espaço) em sua mediação pelo orgânico (a cobertura vegetal), na forma como se dá no contexto do cerrado. Waibel chama a atenção para o padrão histórico de ocupação do espaço no Brasil, tomando-se a floresta para a agricultura e os campos e cerrados para a pecuária, enquanto expressões do diferencial de localização e fertilidade. Numa leitura tipicamente ricardiana, que extrai de seu mestre Von Thünen, Waibel põe em evidência o papel de indicador das matas das condições hidrogeológicas e pedológicas que lhe estão à base e a necessidade de implementar-se uma rigorosa e sistemática forma de classificação das formações vegetais, dado seu papel de definidor do uso agrícola e pastoril da terra no Brasil. O estudo do Planalto Central, área para onde avança a fronteira agrícola à época do estudo, é para ele um excelente posto de estudo para esse fim de realizar uma cartografia biogeográfica que auxilie nas decisões de planejamento do uso da terra no Brasil. Caracteriza-o a correspondência entre, de um lado, a vegetação, a topografia e o clima e, de outro, o modo de uso da terra, em sua forma própria de integrar homem e natureza. Nele está o divisor geral de águas que separa a bacia do Amazonas da bacia do Paraná, em face de suas terras fronteiriças mais altas no sentido leste-oeste, embora a ossatura geral do relevo tenha direção sul-norte, distribuídas entre chapadas e chapadões sedimentares. Trata-se de uma forma de relevo em que se alternam interflúvios de topo de superfície horizontal com vales de fundo chato derivados de longo trabalho de erosão fluvial sobre camada de cobertura sedimentar sobreposta a terrenos cristalinos. As chapadas são os resíduos dessas camadas. Em geral se dispõem em longas extensões de área e emprestam a monotonia que caracteriza o visual da paisagem do centro do Brasil. E são essas chapadas e chapadões a fonte que alimenta as cabeceiras dos rios das duas bacias com as águas das chuvas que absorvem e acumulam, em face de sua formação porosa, em grandes reservas em seu subsolo, liberando-as para a manutenção dos rios na estação da seca do inverno, em sua alternagem com a estação chuvosa de verão, como é típico das áreas de clima tropical das savanas, influindo seja no quadro hídrico, seja no quadro botânico.

É nessa alternância de chapadas sedimentares planas e vales de fundo chato atravessada pelos rios que se dá a variação de solos e as áreas de campos limpos e campos sujos e de matas com influência decisiva sobre a ocupação humana. O cerrado é a forma de paisagem predominante. É um tipo de vegetação baixa e não muito densa e geradora de pouco ou nenhum sombreamento do solo, aberta e favorecedora de um visual de horizonte sem fim e de fácil circulação do gado dentro dela. Correspondente ao clima quente e de estações de chuvas alternadas típico do trópico, é, porém, um exemplo de vegetação clímax. Seu visual é o domínio de moitas de árvores e arbustos de raízes profundas e folhas grandes vistas num entremeado de gramíneas que se combinam, sem com eles, entretanto, variar substancialmente, a solos extremamente variados e sem padrão definido, ora vermelho, ora cinzento e ora castanho. Deve-se isso a ter sua relação essencial com as reservas hídricas do subsolo, não com os solos propriamente, fugindo às características propriamente ditas de uma savana. Há duas formas de desdobramento do cerrado: os campos limpos e sujos e o cerradão. Ali onde as moitas de arbustos e de árvores e o tapete de gramíneas reduzem-se a formas vegetais mais baixas e mais ralas, via de regra nas áreas de solos cinzentos, rasos e pedregosos, o cerrado é uma forma do campo sujo, e onde os solos são ainda mais pobres surge a forma do campo limpo, suas áreas de ocorrência sendo as menos povoadas do Planalto Central. Já onde as moitas de arbustos e árvores se adensam e se tornam contínuas, engolindo o substrato de gramíneas, via de regra em áreas de solos vermelhos, arenosos e carregados de húmus, o cerrado se transforma no cerradão. A mata é, por sua vez, um tipo de vegetação de ocorrência mais localizada, fechada, sombreada e estratificada em três camadas de altura distintas, localizando-se em áreas onde o solo é mais fértil.

É comum o agricultor distinguir duas formas de mata, considerando seu papel de indicador das características do solo: a mata de primeira classe e a mata de segunda classe. A mata de primeira classe é a mais rica em densidade e espécies de árvores, em geral se relacionando à ocorrência de solos de terra roxa – presente em manchas no Planalto Central –, rica em argila vermelha e húmus, de característica friável e com grande quantidade de água em caráter permanente todo o ano. É encontrável em três áreas principalmente, a Mata da Corda (no interflúvio dos rios São Francisco e Paranaíba), Triângulo Mineiro e Mato Grosso de Goiás. Nessas áreas se localizam as maiores densidades demográficas do Planalto Central. A mata de segunda classe é menos densa, menos rica em espécies e seus solos são menos férteis, em geral vermelhos e argilo-arenosos e encimados de pequena camada de húmus, retendo água somente no período chuvoso e secando e tornando a floresta mais rala no inverno, esgotando-se rapidamente após os primeiros anos de uso agrícola. Ocorre em manchas numerosas e de pequeno tamanho em meio ao cerrado, do qual às vezes pouco se divisa, por isso, em geral, servindo de áreas de invernada.

Vistos no seu conjunto, mais que tipos de vegetação, cerrado e mata são tipos de terra, espaços historicamente vinculados a distintos usos – a pecuária no cerrado e a agricultura na mata –, num padrão de arranjo de espaço que extrapola o Planalto Central por seu caráter de forma mais geral de arranjo do uso da terra no Brasil.

Princípios de colonização europeia no sul do Brasil é um deslocamento do olhar de Waibel do tema das formas de ocupação do interior para o do balanço da experiência da colonização europeia no sul do Brasil. Dois temas que, entretanto, se encaixam no mesmo projeto de mapear as formas de ocupação e ordenação do uso do espaço geográfico brasileiro.

A paisagem analisada é aqui diferente. A começar do quadro natural, que difere numa dúplice forma: o litoral e o planalto, separados pela escarpa. Domina, todavia, o planalto, com sua escarpa. Este se distingue em cada um dos três estados sulinos, em geral se tripartindo. No estado do Paraná o planalto divide-se no sentido de leste para oeste em três unidades distintas, o primeiro, o segundo e o terceiro planalto, unidades que já não são tão nítidas em Santa Catarina e são completamente alteradas no Rio Grande do Sul. O primeiro planalto é o trecho sulino do Planalto Atlântico, área montanhosa, de formação cristalina, fortemente dissecada e separada do litoral pela escarpa da Serra do Mar. O segundo planalto é a depressão periférica, área plana, de formação sedimentar e localizada entre os outros dois na forma de um longo corredor estendido no sentido sul-norte, desde o Rio Grande do Sul até São Paulo. E o terceiro planalto é o trecho sulino do Planalto Meridional, de formação arenito-basáltica, em geral aplainado e atravessado de leste para oeste pelos diversos rios formadores da bacia do Paraná. A maior parte das colônias europeias localizou-se na área dissecada da escarpa e do rebordo do Planalto Cristalino, bem ainda em áreas da depressão periférica no Paraná.

Cobre o conjunto um clima de tipo subtropical, chuvoso e de verões amenos e invernos mais rigorosos nos trechos mais elevados, em função de que deriva uma cobertura vegetal de mata tropical no primeiro planalto, campos no segundo e Mata de Araucárias de entremeio aos campos no terceiro, com a mata tropical contornando o conjunto ao norte para descer e estender-se em meia-lua a oeste pela bacia do rio Paraná até o sul. Sob essa cobertura viceja uma diversidade de tipos de solo, com o solo de argila vermelha encimada de camada de húmus da mata tropical dominando no Planalto Cristalino, o solo arenoso e lixiviado, de pouca fertilidade, na área de campos da depressão periférica e o solo de fertilidade intermédia na Mata de Araucárias do Planalto Meridional ao lado do de melhor fertilidade das matas galerias que entrecortam a araucária nas linhas de fundo dos vales rasos.

Todavia, há que se distinguir no todo do Sul as áreas do planalto e as áreas planas e de campos da fronteira. Refletindo diferenças históricas de povoamento, divisam-se aí dois mundos diferentes. Nas áreas de florestas do primeiro planalto temos os núcleos das pequenas propriedades familiares dos colonos de origem europeia e nas áreas de domínio campestre as fazendas de pecuária dos grandes proprietários de origem luso-brasileira.

A ocupação do Sul fez-se primeiramente nas áreas de campos, situadas ao sul do rebordo do Planalto Meridional, só no século XIX vindo a ocorrer nas da mata. E como política de Estado. O impulso veio da necessidade de organizar-se na época da mineração o abastecimento de gado às áreas do Planalto Central, tendo de fazê-lo com os animais então arredios e criados soltos nas áreas campestres do pampa, gerando aí fazendas organizadas e transformando a depressão periférica num caminho de gado rumo ao centro territorial da Colônia. A frequente ação de índios que atacavam boiadas e tropeiros e depois se refugiavam na mata levou o governo imperial a empreender o povoamento dessa área com colonos de origem alemã e italiana, aí surgindo seus núcleos.

As primeiras colônias datam dos anos 1820, com a instalação de imigrantes alemães no Rio Grande do Sul. Uma primeira colônia é instalada em 1814, no vale inferior do rio dos Sinos, ao norte de Porto Alegre, no ponto de saída da mata serrana, ao sul. Uma segunda em 1829, no vale do rio Negro, já no planalto, onde hoje está São Leopoldo, num ponto de saída da mata para o caminho da depressão, ao norte. São duas colônias postas em posição estratégica de entrada e saída da mata em seu vínculo com a movimentação da estrada de tropas e boiadas da depressão. Uma terceira é instalada também no planalto no mesmo ano de 1829, no vale do Maruim, no ponto da fronteira externa, entre a área povoada e a despovoada da mata, desta vez no caminho de Lajes para Florianópolis. Entre 1849 e 1874 mais cinco colônias alemãs são instaladas no Rio Grande do Sul, todas na escarpa de *cuestas* do Planalto Meridional voltada para a depressão do Jacuí e do Ibicuí, com face para o sul, nas áreas em que a Mata Atlântica penetra continente adentro acompanhando a encosta do Planalto Meridional, onde, com ponto de referência na colônia de Santa Cruz, avança sobre terraços e vales para os lados e para o alto até o alcance das bordas do planalto, nos limites inferiores da Mata de Araucárias, em pouco tempo se povoando toda a faixa de matas da encosta, onde a Mata Atlântica se limita com a Mata de Araucárias.

As colônias italianas têm origem posterior. A primeira instala-se também no Rio Grande do Sul, em 1870-1871, escolhendo-se como sítio as áreas de escarpa situadas acima da área da colônia alemã de São Leopoldo, no curso inferior do rio Taquari, em terras onde hoje localizam-se Caxias do Sul, Garibaldi e Bento Gonçalves, no ponto antes de a encosta do Planalto Atlântico voltar-se para o litoral. Em 1882 são instaladas um pouco mais ao norte outras três colônias, as agora quatro colônias vindo a formar na encosta do Planalto Oriental um bloco compacto semelhante ao das colônias alemãs da encosta sul do Planalto Meridional.

Ao mesmo tempo, inicia-se a instalação das colônias italianas em Santa Catarina, em áreas do sopé da escarpa do Planalto Atlântico, subindo os vales dos rios rumo ao rebordo. A primeira colônia instala-se em 1849, no fundo da baía de São Francisco, onde hoje se encontra Joinville, de onde o povoamento expande-se encosta acima, fundando novas colônias com o auxílio da abertura de estradas e ferrovias através das quais as áreas baixas de encosta se põem em contato com as elevadas do planalto. Daí a colonização desce para o litoral sul, chegando em 1850 ao vale do Itajaí com a colônia de Blumenau, em 1860 ao Itajaí-Mirim com Brusque, em 1909 ao Itajaí do Norte e em 1920 ao Itajaí do Sul.

A colonização no Paraná segue caminho diferente, indo o núcleo colonial a instalar-se ali onde mata e campos se alternam e num formato em que as colônias nascem geminadas e articuladas tanto à mata quanto aos campos e às cidades em geral preexistentes. A primeira experiência se dá ao redor de Curitiba, com núcleos de colonização alemã, italiana e polonesa em lugares distintos da depressão periférica. Seguem-se as colônias que se instalam ao redor de Ponta Grossa, Palmeira, Castro e Lapa, estas já no Planalto Meridional, mas sempre em terras mescladas de matas e campos e cortadas de estradas e ferrovias como pressuposto da ligação das colônias com as cidades. O efeito é um povoamento disperso dos núcleos coloniais, numa forma de *habitat* de paisagem distinta da dos núcleos coloniais de Santa Catarina e Rio Grande do Sul. E com a propriedade de reproduzir, ao mesmo tempo que ultrapassar, o modelo de separação mata-campos e lavoura-gado dominante no Brasil mesmo nas colônias do Sul. São, então, experiências distintas, sobretudo desse ponto de vista.

As colônias alemãs e italianas se instalam em áreas de matas e devem, assim, resolver problemas culturais e técnicos de adaptação a um ambiente desconhecido, fazendo-o, todavia, numa sequência de contrastes. Um primeiro desses contrastes é o que se dá entre o arranjo e modo de uso do espaço, em vista da adaptação do sistema de cultivos que aí introduzem. Enquanto o modelo histórico das áreas tropicais do Brasil é a rotação de terras, o das áreas europeias de suas origens é a rotação de culturas. O ponto central da diferença é a consorciação entre lavoura e gado. A rotação de culturas centrada no princípio da associação cultura-gado é uma prática que o colono traz consigo da Europa. Todavia uma vez em terras sulinas a maioria dos colonos opta por usar a rotação de terras, e assim por abandonar a relação entre culturas e criação a que estavam acostumados. Seu propósito é caminhar para organizá-la numa forma melhorada, pondo-lhe elementos de consorciamento de plantio e criação numa forma de rotação de culturas primitiva, para, por fim, chegar à forma propriamente dita de rotação de culturas assentada no consórcio cultura-gado. Poucos logram atingir essa progressão, daí vindo a surgir nas colônias sulinas três modalidades de sistema: a rotação de terras melhorada, a rotação de culturas primitiva e a rotação de culturas melhorada.

A fonte do problema é o tamanho exíguo de propriedade familiar que o colono recebe, de 25 a 30 ha em média, quando o ideal seria entre 80 e 105 ha. A opção pela mistura de modalidades é a forma de contornar a dificuldade que encontra face à indisponibilidade dos elementos da intensividade, sobretudo técnica e financeira. A rotação de terras que pratica é um sistema de derrubada e queima da mata, seguida da ocupação da clareira assim aberta com a policultura de feijão, mandioca e milho consorciado ao porco. A queimada e a exposição do solo cedo esgotam a terra e obrigam o colono a seguir em frente derrubando novo trecho de mata, num ciclo de esgotamento contínuo que esbarra no tamanho da propriedade e produz paradoxalmente o empobrecimento do colono e da terra. A chegada de meios de circulação e o contato mais fácil com o mercado das cidades, combinados com a necessidade de equacionar o problema da iminência de esgotamento da terra, levam, então, o colono a aprimorar o uso da terra com a introdução de um calendário agrícola com culturas alternadas de inverno, como o trigo e o centeio, e de verão, como o arroz, o milho e o feijão, ao lado de culturas de todo o ano, como a batata-inglesa, e de tecnologias de beneficiamento dos produtos, como moinhos, antes do seu envio ao mercado, além da introdução do gado bovino, ao lado do porco, para a produção do leite e o aproveitamento do esterco. Com isso, a rotação primitiva é levada a transformar-se numa rotação de terras melhorada, que eleva o padrão de vida do colono e reduz os efeitos esgotantes dos solos. Logo, esse se torna o sistema de cultivos predominante nas colônias, parte da qual evolui para a rotação de culturas mais próxima da europeia. Aqui o centro é a relação culturas-gado, ainda espacialmente dissociados no sistema de rotação melhorada, que provê o plantio de forragens para o consumo do gado e utiliza em contrapartida o estrume para adubagem, num entrosamento de uso da mesma terra para fins de plantio e criação – que diversifica e eleva o rendimento da produção, otimiza e preserva o solo – com o beneficiamento industrial que confere um nível de vida superior ao colono, visível numa comparação da paisagem do casario e da intensidade do uso da terra dos três sistemas de cultivo.

As colônias do Paraná contrastam com essa sensação de fracasso e caboclização das colônias europeias de Santa Catarina e Rio Grande do Sul. As colônias são aí localizadas em terras de campos limpos, às voltas com seus solos pobres em elementos nutrientes como o cálcio e o fósforo, problema que elas resolvem no consorciamento plantio-gado leiteiro. O plantio fornece alimentos para o gado, o consumo e a comercialização dos produtos do gado fornece, em contrapartida, condições de compra de adubos para o plantio, com uso regular e reforçado de estrume e fertilizantes naturais. É um sistema intensivo de culturas que envolve por um lado a estabulação do gado à noite para acúmulo e recolha do estrume e sua liberação para pastos plantados durante o dia e, por outro lado, o rodízio e diversificação do uso agrícola do solo por um elenco de culturas que inclui o milho, o arroz, o trigo, a batata-inglesa, a batata-doce, a mandioca e o nabo, em propriedades de 50-200 ha distribuídos ao redor da cidade-sede, numa interpenetração rural-urbana.

A peculiaridade dessas colônias do Paraná é a solução *sui generis* que encontram para o uso simultâneo das matas e campos, ocupadas, indistintamente, com lavoura e gado, num uso de técnicas que corrigem o solo das áreas de campos e de consorciamento de gado e lavoura nessas distintas áreas, resolvendo, assim, o problema surgido nas outras colônias sulinas e rompendo com a tradição da forma de uso histórica do espaço no Brasil.

As zonas pioneiras do Brasil, por fim, é uma síntese do modo como Waibel resume seu entendimento do que para ele faz a essência do eixo histórico do movimento de formação do espaço brasileiro: a fronteira em movimento. A zona pioneira é aqui compreendida como a fronteira entre a imensidão da mata virgem e o limite da região civilizada. Seu sentido geográfico é o processo de transformação do espaço natural virgem num espaço de paisagens culturais, traduzido como um movimento de dissolução e ao mesmo tempo de incorporação dos sertões às áreas mais culturalizadas. A ampliação do território da agricultura sobre a mata inexplorada é o veículo desse movimento, a fronteira sendo identificada pela febricidade das mudanças e os deslocamentos constantes que lhe são próprios. Difere, então, da simples marcha de povoamento, como foi próprio dos ciclos de economia históricos da formação de espaço no Brasil.

Pode-se considerar o movimento de implantação e expansão do cultivo do algodão do século XVIII no Maranhão como o primeiro caso de frente pioneira no Brasil. Segue-o a expansão do café no século XIX em São Paulo, entre cujas características está o aumento acelerado da população e a multiplicidade de municípios advindos do fracionamento dos velhos, ocasionado pelo avanço sempre para diante das áreas de cultivo, pelo esgotamento rápido das terras, deixando no ostracismo uma diversidade de cidades estagnadas, e pelo surgimento da policultura vinculada à produção alimentícia que então aí tem lugar. Em ambos os casos, a agricultura fez-se sobre a derrubada e queimada das matas e sua dissociação da pecuária, plantio e criação evoluindo em paralelo e em espaços diferentes, sem vínculo de uma atividade com outra, exceto por eventuais relações de mercado. Um terceiro caso vem com os núcleos de colonização europeia do sul do Brasil, em que colonos se instalam e expandem territorialmente seu povoamento num vínculo mais frequente com o desenvolvimento e consumo das cidades e o papel de intermediação dos transportes. E bem ainda o caso do avanço recente da agricultura sobre áreas de mata do sudoeste do

Paraná, noroeste de Santa Catarina, norte do Paraná, Mato Grosso de Goiás e norte do Espírito Santo, num arco que rodeia as cidades do Rio de Janeiro e São Paulo.

São aspectos comuns a todas as áreas de frente pioneira do passado e do presente: a antecedência da fronteira demográfica, a sinuosidade e fragmentação da linha de continuidade da frente de expansão, a ocupação das áreas de matas e a dispensa das de campos pelo plantio, a dissociação espacial da agricultura e da pecuária, a interligação com o surgimento do traçado dos transportes, a interligação da frente com a dinâmica de vida das cidades. Em todos os exemplos se vê o contraste das áreas que expressam um estágio pré-pioneiro e das que expressam um estágio pós-pioneiro. E, em todas elas, o rumo que aponta o oeste como a direção da expansão e formação do espaço no Brasil.

O escudo brasileiro e os dobramentos de fundo, de Francis Ruellan, é, por fim, uma pequena publicação de 1952 em que o tema dos dobramentos de fundo como epicentro da formação geológico-geomorfológica do Brasil pela primeira vez aparece. Mas que consiste numa forma original de ver o processo formador do relevo no Brasil que Ruellan já põe nos trabalhos esparsos, vindos à luz desde os anos 1940 e escritos sob a forte influência dos textos que Emmanuel De Martonne dedica ao estudo das características geomorfológicas do espaço brasileiro em sua rápida passagem anterior pelo Brasil. Os dobramentos de fundo são ondulações que ocorrem no embasamento dos continentes e que se refletem na superfície num desdobramento epidérmico na forma de uma sucessão de abaulamentos e depressões, orientando, desse modo, a direção e o arranjo espacial geral do relevo. A sua origem provável é o efeito da compressão que as correntes profundas do sima exercem sobre o sial, inchando-o e adelgaçando-o e com isso produzindo uma deformação que se reproduz em toda a extensão da crosta, desde o fundo à superfície, onde causa efeitos tectônicos de *grabben*, diáclases, fraturas e falhas.

O relevo brasileiro tem essa origem. No que acompanha os movimentos do relevo sul-americano. No relevo continental da América do Sul distinguem-se três grandes massas de terras: a parte leste, formada por dois grandes escudos, o brasileiro e o guiano, separados pelo sinclinal (área de subsidência) do baixo Amazonas; a parte oeste, formada por uma grande cadeia de geossinclinal vinda do dobramento do tipo alpino na Era Terciária; e a parte central, intermediária entre os escudos de leste e o dobramento terciário de oeste, formada por uma zona de depressão, estendida do alto Orinoco venezuelano, ao norte, ao pampa argentino, ao sul. Os escudos e a zona de depressão constituem a quase totalidade do território brasileiro, os escudos formando os planaltos e a depressão as planícies. O maior dos escudos forma o Planalto Brasileiro e o menor o Planalto Guiano. Do ponto de vista geológico, esses planaltos são embasamentos cristalinos, domínio das rochas cristalinas e cristalofilianas, recobertos por capeamentos sedimentares (significando uma sucessão de rochas sedimentares antigas, pré-devonianas, e recentes), numa relação de sobreposição nem sempre concordante em face dos constantes deslizamentos do capeamento sedimentar sobre o embasamento cristalino advindos do abaulamento desse embasamento gerados pelos dobramentos de fundo.

Os dobramentos de fundo seguem no Brasil duas direções de alinhamento principais: o alinhamento NE-SO e o alinhamento NO-SE. O alinhamento NE-SO predomina no escudo brasileiro, ao passo que o NO-SE predomina no escudo guiano, esses dois alinhamentos cruzando o território brasileiro em linhas ortogonais que determinam as compartimentações e as características do seu relevo desde o alinhamento geral da estrutura e formas até os detalhes do alinhamento das bacias fluviais sobre aquele acomodados. É assim que o arranjo espacial do relevo brasileiro tem a configuração geral de uma sucessão de abaulamentos e depressões, seja de sentido NE-SO, seja SO-SE, que se alternam numa sequência de direção norte-sul se relacionadas ao primeiro sentido e de direção leste-oeste se ao segundo, tanto na escala geral quanto na mais específica e localizada das bacias.

Como esses dobramentos de fundo são acompanhados de geoclases que ocorrem no topo e no rebordo ao contato com as depressões, o desenho ortogonal do xadrez geral do alinhamento se reproduz num diaclasamento igualmente ortogonal nos planos específicos, fragmentando o relevo brasileiro numa ampla série de compartimentações dentro das quais o terreno por sua vez se fragmenta numa escala ao infinito, orientando tanto a direção geral dos rios como os processos de erosão-sedimentação e os movimentos de remodelação do relevo. O processo do tempo reproduz tudo isso, num sentido cíclico.

As dobras de fundo iniciam-se já na Era Primária, após o diastrofismo caledoniano, repetem-se com intensidade na Era Secundária – no triássico para os dobramentos transversais e no cretáceo para os longitudinais –, ocorrem de novo brandamente no terciário, após o Período Neógeno, e assim vai até a sobrevinda dos movimentos epirogenéticos, sempre num reforço e reafirmação do arco de alinhamentos de fundo existente. Em todo esse decurso é o alinhamento do primeiro desses dobramentos, o da Era Primária, o que se reproduz sempre, orientando a série sem que se altere, de modo que variam fundamentalmente apenas os movimentos de nível local de compartimentos, sobretudo em face dos trabalhos de erosão. Então, a epirogenia reativa as linhas de falhas e o papel geomorfológico das diferenças de tipos de rocha, numa combinação de ações tectônicas e de natureza climática.

E é essa combinação de reiterações sucessivas dos dobramentos de fundo e do traçado da rede ortogonal de diáclases, superpondo, numa mesma cadeia geral de movimentos, tectônica plástica (dobramentos de fundo e de superfície) e tectônica quebrante (rede de geoclases), que forma, em seu conjunto, a escala múltipla e infinita de recortes de compartimentação, o substrato e o conteúdo geomorfológico do espaço brasileiro.

Os padrões de teoria e método

Há diferenças de enfoque evidentes, bem como semelhanças, nas obras de Deffontaines, Monbeig, Waibel e Ruellan. São geógrafos vindos de origens matriciais diferentes. E o que transmitem de influência como formadores seminais do pensamento geográfico brasileiro relaciona-se aos ambientes intelectuais e reais de onde vieram e onde atuaram. Têm em comum a visão integrada, cada um a seu modo, da Geografia. Do mesmo modo, as categorias e conceitos. E, assim, suas teorias e seus métodos.

Mas pode-se dizer que, expressões de uma Geografia a esta altura mundial, seguem em seus passos teóricos e metodológicos um formato-padrão que tem no centro a manipulação das relações de um conjunto de categorias espaciais com o propósito da explicação da paisagem. Na base estão as categorias do sítio e da posição. Estas duas categorias movem-se internamente no campo do arranjo espacial. O sítio leva à posição, ao mesmo tempo que esta incorpora e explicita o sítio em sua escala orgânica. O arranjo espacial é o plano de alojamento e o elo dessa reciprocidade de passagem do sítio e da posição. E o marco que leva à regionalização. Da síntese desse agregado surge a paisagem. A descrição é, então, o recurso por excelência do método. E a paisagem o escopo e fim do processo. Não se vai da descrição da paisagem à participação de cada elemento. Antes, a descrição do sítio, depois da posição e assim do arranjo é que, de soma em soma, de descrição, se chega à composição e leitura da paisagem. A paisagem surge ao fim. Como resultado. Expressão da própria visão integrada enquanto recorte solidário da superfície terrestre, a paisagem é a categoria-chave, o produto de uma construção teórica progressiva que consiste na agregação, uma a uma, do elenco de categorias que através da mediação do arranjo a ela levam. De modo que é essa descrição detalhe a detalhe, uma a uma, das categorias com a culminância no todo da paisagem o processo do método.

É assim com a descrição dos gêneros de vida em Deffontaines, quando este detalha em minúcias o micromundo da fazenda, da comunidade cabocla, do mascate, do bairro operário, ou de relação homem-natureza. Como no exemplo de "o homem e a floresta" do ambiente amazônico, nos momentos em que com as chuvas mais intensas os rios invadem as várzeas, os homens fogem das cheias e se aglomeram nas cotas insubmersíveis. E então as cidades viram como que oásis "no deserto das águas e árvores". O arranjo do espaço torna viva e dá um sabor geográfico empático à paisagem do homem em seu ambiente. A descrição da fazenda é um outro exemplo. Na fazenda, a sede, casa do proprietário, é um tipo de castelo quadrangular dividido em cômodos luxuosos e sobrepostos a um largo porão onde se guardam provisões e meios de defesa, um prédio rodeado de arcadas umbrosas de onde, deitado à rede, o fazendeiro foge ao calor, observa o horizonte infindo de seus domínios e distribui suas ordens. Junto à casa, construída numa rampa voltada para o bater do sol, ele vê erguer-se o terreno da secagem dos produtos, os prédios da indústria de beneficiamento, as casas dos trabalhadores, a capela, o rio abaixo e as matas de reserva acima, e no longo da rampa o cafezal disposto em enorme mancha verde. Tudo como um gigantesco pan-óptico do qual ele deita seus olhos de dono que tudo olha e tudo vê. Um arranjo que se distingue daquele outro da fazenda de gado, mais modesto, nem por isso menos dominador, em que o olhar do dono comanda uma paisagem mais indivisa e dividido com o olhar de vigília do vaqueiro através de sua cabana disposta junto ao curral, centro para ele de controle do movimento diuturno do gado, o poder dominial, entretanto, divisando-se na casa-sede postada sobre um promontório na encosta do morro em meia-laranja ou no dorso do pontal da confluência dos rios, de onde o olhar sempre atento do dono domina o movimento dos vaqueiros e do gado na rotina cotidiana dos deslocamentos entre o curso do rio e o curral, controlando tudo. São micromundos fechados e autárcitos em contraponto ao autônomo e comunitário do caboclo, seja ele o posseiro sempre em movimento à frente de linha de desbravamento (o conceito de frente pioneira de Deffontaines) ou o caiçara posto à retaguarda em áreas do contato do mar e da mata abandonadas e esquecidas pelo avanço da linha de povoamento e sua passagem acelerada mais para diante, mundos micros, porém mais densos. E outro ainda é o mundo aberto ao infinito do comerciante ambulante, o mascate que se interna nos sertões aqui a pé, ali em lombo de mula e mais acolá num pequeno caminhão Ford, oferecendo com o barulho de suas castanholas, de cidade em cidade, de fazenda em fazenda, de sítio em sítio, as mercadorias de seu baú carregado de toda tralha, enquanto o progresso não traz o transporte e a comunicação moderna à cidade e ao campo. Quando, então, arreia seus pertences, na cidade ou numa tendinha posta na encruzilhada dos movimentos, como num posto urbano avançado, e ali se fixa como um comerciante por fim estabelecido.

É assim também com a descrição do mundo da frente pioneira do café de Monbeig, visualidade de paisagens em muitos pontos a mesma coisa ou então coincidentes com as do seu colega francês. É um modelo de método a comparação que faz Monbeig do arranjo e fisionomia espacial da paisagem da velha e da nova fazenda de café, num contraponto da cafeicultura escravocrata do vale do Paraíba do Sul e da cafeicultura capitalista de Ribeirão Preto. Na paisagem da velha fazenda senhorial, a casa luxuosa e cercada de palmeiras do aristocrático proprietário de terras e escravos é o centro de referência. Postada nos flancos da elevação batida de sol, a casa comanda, num primeiro plano, o terreiro de secagem do café disposto em degraus e cercado de mureta de pedras, a senzala com as casas geminadas dos escravos arrumadas num quadrado ao redor de um pátio fechado à noite, e a capela, e, num segundo plano, abaixo do primeiro e ao lado do ribeiro, os prédios da despalpadora, das cocheiras, do estábulo, das carroças, da moenda de cana, a encosta com os cafezais, as obras de captura e controle da água para consumo da fazenda e fontes de energia, a topografia escolhida visando o ângulo da insolação pedida, seja para o desenvolvimento da plantação, seja para a secagem do café, o todo abarcado num único campo de visão da casa-grande e indicando a presença física do fazendeiro. Já na fazenda capitalista a referência central é o absenteísmo. A fazenda cafeeira é uma empresa, propriedade de um fazendeiro capitalista que transfere sua morada para a cidade e entrega a responsabilidade da fazenda a um administrador, cuja casa, embora destacada, localiza-se ao lado das colônias onde habitam em grupos esparsos as famílias dos trabalhadores, próximo às quais se localizam os terraços em forma de traçados longos e pouco acima do fundo do vale e a cujo redor se espalha o cafezal. Afastada do conjunto, embora a uma distância estratégica, põe-se a casa do fazendeiro, desconectado organicamente de um arranjo espacial cujo pan-óptico é a relação contratual do trabalho. Monbeig repete esse modelo na descrição das paisagens do calendário agrícola em seu vínculo com a repartição espacial das culturas e sazonalidade climática, dos passos da marcha da fronteira em sua consorciação com o avanço da ferrovia e a criação e abandono de cidades, do regime contratual de trabalho do colonato em seu relacionamento tumultuado com a cultura intercalada do cafezal e cereais nas ruas do café, das disputas de hegemonia da estrada com a ferrovia, da oposição espigão-fundo de vale do uso da terra no Planalto Ocidental, das relações regionais dos centros urbanos.

É assim, ainda, com as descrições de Waibel. Virou uma referência o modo como Waibel descreve o contraste das formas de ocupação das terras de mata e terras de campos, e seus efeitos sobre a instituição dos sistemas de cultivo no Brasil. Em particular, o modo específico como apresenta a solução do problema no contraponto das experiências de colonização europeia das colônias alemãs e italianas do Rio Grande do Sul e Santa Catarina e das colônias russas e pomeranas em suas malhas de mata e campo da depressão periférica no Paraná, onde seu olhar flagra, no fundo, o Brasil em ponto menor.

As colônias de alemães e italianos foram implantadas em terras de matas, em condições de solo, umidade e topografia favorável ao desenvolvimento de uma economia múltipla, autônoma e integrada, no estilo de suas áreas de origem. Todavia, involuíram para formas mistas de sistemas de cultivo em que o sistema de rotação de culturas foi adaptado ao de rotação de terras, raro bem se sucedendo, tal como indica a comparação da paisagem do *habitat* dos colonos que empacaram no sistema de rotação de terras melhorado, com suas casas modestas e decadentes e suas culturas entremeadas a matas de capoeira, à dos colonos que daí avançaram para o sistema de rotação de culturas melhorado, com seu casario de alta qualidade em meio aos prédios de diversa especialização industrial de beneficiamento e ao espaço de cultivos contínuos e consorciados com o criatório ao lado de matas preservadas para diversos fins. Já as colônias de russos e pomeranos se deram em terras de maior precariedade da depressão paleozoica, tendo de se adaptar à malha de terras de matas e terras de campos, mas logrando, mediante uma consorciação de culturas e gado com aplicação de uma tecnologia de adubagem dos plantios e nutrição do gado, criar um quadro de experiências cujo resultado se estampa na qualidade do casario das cidades com as quais as colônias se confundem e o uso intensivo e integral dos espaços, seja da mata, seja da vegetação campestre, numa quebra local do modelo e dos efeitos históricos de ocupação da terra no Brasil. É igualmente exemplar a descrição da paisagem da linha de fronteiras, tema que se inspira no modelo norte-americano que conhecera e que utiliza na comparação com o Brasil, no contraponto que estabelece agora entre a frente e o simples processo de povoamento do território através dos ciclos econômicos, ao mesmo tempo que com o conceito de frente de Monbeig: a paisagem da frente é o espaço da sinuosidade, o movimento que fragmenta a linha de expansão em múltiplas áreas, a febricidade que constrói e abandona, a provisoriedade que instabiliza as formas de uso do espaço, a ocupação anárquica que se oficializa nas relações de mercado com os centros de referência do país. Nada aí se parece com a paisagem do povoamento dos ciclos, com seus espaços de ocupação progressiva, estável e nem sempre vinculada aos centros internos.

Mas é exemplar também a sua descrição da importância e função indicadora da cobertura vegetacional diante dos planos de ocupação e uso da terra. Prevalece aqui seu aprendizado com os próprios agricultores a partir do modo como estes percebem, nas características da mata – a maior densidade, árvores mais altas e o rol das plantas são o indício de um solo rico e de forte vocação para o uso agrícola, o contrário indicando sua impropriedade e tudo já apontando para distintos usos de espaço entre lavoura e criação –, o diferencial de fertilidade de solo e a vocação de seu uso, observando simplesmente a diferença de densidade vegetal e os tipos e porte das plantas da floresta. Uma prática empírica, diz Waibel, de alto valor científico, entretanto, mesmo que de implicações nem sempre de bons efeitos.

E é assim também, por fim, com Ruellan, em suas descrições da arrumação longitudinal-transversal dos alinhamentos (dobramentos) e depressões (mergulhos) geológico-geomorfológicas, numa combinação de leitura das relações do visível da paisagem com o invisível dos dobramentos de fundo que antecipa o discurso do visível e invisível de George. A direção longitudinal como uma sucessão, grosso modo, de abaulamentos (zonas de terras altas) e depressões (zonas de subsidência e sedimentares) de sentido geral sudeste-nor-noroeste, aí se alternando: o abaulamento das serras granítico-gnáissicas do Brasil oriental, a depressão que vai do Piauí ao Paraná (incluindo a calha média do rio São Francisco), o abaulamento do afloramento cristalino do grupo Gurupi-Araguaia até o alto Paraguai, de outra depressão seguida de novo abaulamento pouco conhecidos e, por fim, a depressão do Amazonas. E a direção transversal como uma sucessão de sentido nordeste-sul, em que temos: o abaulamento do planalto nordestino (da Borborema ao Ceará), a depressão do baixo São Francisco, o abaulamento da Chapada Diamantina, a depressão da zona entre a Diamantina e o Espinhaço, o abaulamento do sul do Espinhaço à serra do Caparaó, a depressão da Zona da Mata mineiro-fluminense, o abaulamento da serra da Mantiqueira até Goiás, a depressão de São Paulo, o abaulamento do sul de São Paulo-Paraná, a depressão de Santa Catarina, o abaulamento do sul do Rio Grande do Sul e Uruguai, a depressão do rio da Prata e, por fim, o abaulamento da Patagônia. E, assim, como uma série de faixas paralelas que no geral declinam de altitude no plano longitudinal do Sudeste para a Amazônia e no transversal do Nordeste para a Patagônia (já fora do Brasil, mas formando conjunto com o complexo dos escudos cristalinos guiano-brasílico-patagônico), respectivamente, embora numa sequência de padrão irregular de gradação, mas que dão o ritmo do ondulado do modelado do relevo e das bacias fluviais do Brasil.

A paisagem desponta, assim, da descrição do arranjo do espaço. E abre para que a indução e dedução casadas apareçam como as categorias de método principal do geógrafo. Um método indutivo-dedutivo, por excelência.

É da análise detalhada das faixas correlatas de área formadas no decurso da história do solo e da ocupação do território brasileiro que Deffontaines infere o quadro de relações, seja das articulações da cidade com o sítio na geografia da cidade do Rio de Janeiro, seja na de São Paulo em suas semelhanças e diferenças. Monbeig, por sua vez, traça primeiro o detalhe do arranjo do patrimônio e do loteamento na franja pioneira do café, para daí montar o quadro do todo da cidade, só então classificando-a e analisando-a na sua progressão de povoado a cidade regional. Waibel, ainda mais específico no método, faz primeiro o levantamento e a lista dos tipos de plantas das matas e campos, para daí, num plano comparativo, inferir a qualidade e vocação de uso dos solos, o mapa das tipologias da vegetação, do solo e do uso da terra vindo juntos e em decorrência dessa análise. Ruellan, por fim, segue o mesmo procedimento. Mapeando os tipos e o estado de vizinhança das rochas e inferindo a direção da erosão diferencial, em distintos lugares, daí, por comparação, infere e confirma o quadro de correlação geral da direção dos alinhamentos epidérmicos da paisagem em sua relação com os dobramentos de fundo. Daí que a microescala das temporalidades em sua ocorrência no espaço, o desenho inicial dos patrimônios e loteamentos, o tipo de planta e sua especificidade de ocorrência e a natureza petrográfica da rocha em seus estados respectivos de coabitação do espaço, são os pontos de partida rumo à evidenciação da paisagem em Deffontaines, Monbeig, Waibel e Ruellan, respectivamente.

O salto do detalhe para a inferência de escala vem, assim, com as categorias teóricas do sítio, da posição e do arranjo, encimados na categoria da paisagem.

A cidade do Rio de Janeiro se diferencia de São Paulo em Deffontaines já a partir dessas referências. A cidade do Rio de Janeiro é uma "cidade-estreito", uma "cidade-cabo" e uma "cidade-península". Seu espaço urbano aloja-se entre a Serra do Mar, uma cadeia de montanhas localizada a cerca de 40 km de distância, com 1.000 m de altitude no interior, e a serra da Carioca, um maciço antigo e já desbastado (maciço da Tijuca), localizado próximo ao litoral, a cidade nascendo e se formando entre essas barreiras montanhosas e paralelas entre si e à costa, plantando suas raízes na baixada posta entre uma e outra e daí arrumando-se em arco ao longo do recôncavo da baía de Guanabara. Mas primeiro foi preciso organizar o próprio sítio. Da Serra do Mar descem os rios que chegam e empoçam na baixada, aí a água se acumulando à espera de encontrar uma saída que vença a barreira do maciço da Carioca e lhe dê acesso ao mar, encontrando-a no canal da baía – uma extensa área de origem tectônica e ocupada pela invasão oceânica –, situado entre as cidades do Rio de Janeiro e Niterói. Foi preciso, assim, drenar e ampliar por meio de aterros as terras baixas e alagadas, adaptando a ocupação urbana às bordas da baía e do mar para a instalação e distribuição dos bairros e tendo de levar em conta a diversidade dos microclimas que se origina da diversidade da topografia, forjando-se nessa multiplicidade as escalas de meio ambiente. A cidade instala então seu núcleo na estreita faixa do recôncavo espremido entre a baía e a serra da Carioca, como uma cidade-estreito, ali onde a ponta do Pão de Açúcar se lança no mar, daí avançando para dentro e para a orla, arranhando as linhas da praia como uma cidade-cabo, galgando os morros de ambos os lados como uma cidade-península até chegar à baixada. Surge, assim, atravessada pelos problemas de comunicação interna e com o interior do país, aquela por conta da topografia do maciço e esta por conta do obstáculo da Serra do Mar, a cidade que aqui e ali vai vencendo e transformando inventivamente o sítio na posição. A localização litorânea situada num ponto entre o Nordeste e o Sul e às portas do contato com os planaltos do centro do país define a posição privilegiada da cidade. E que a ligação por ferrovias e estradas vai converter numa excelente posição geográfica. A rede de circulação que então se forma, ponto-chave de uma articulação em que a partir de suas ligações com São Paulo e Minas Gerais faz contato com o Sul e o Nordeste-Norte pelo litoral e o Centro-Oeste e o Norte pelo interior, sedimenta-a como cidade de grande porte metropolitano e consolida-a como capital do país. Análise análoga faz Deffontaines da cidade de São Paulo. Aqui a formação da cidade se faz de modo diferente. Outro é o sítio e outra é a posição. A cidade de São Paulo arruma-se num arranjo espacial adaptado a um sítio localizado sobre um planalto de ondulações suaves e cortado de vales pouco profundos, de colinas arredondadas em meia-laranja e percorrido por rios meândricos e sem grande caudal, interligados no passado por inúmeras relações de capturas. No conjunto, trata-se de um ambiente de depósitos fluviolacustres de origem terciária que se combina a uma circundância de relevo antigo e fortemente trabalhado pelo tempo. Um clima de altitude e chuvoso marcado pela ocorrência de neblinas e uma vegetação de capoeiras e sapezais completam o quadro. Por sua vez, uma passagem por uma depressão aberta na Serra do Mar, minimizando a barreira do relevo e da mata fechada, põe a cidade de São Paulo em contato com o litoral através de Santos. A cidade implantou seu núcleo nos espigões e vales localizados no centro desse sítio, distribuindo sua circulação em raio na interligação de seus bairros. O sítio se casa aqui com a posição. O favorecimento do sítio se prolonga na condição propícia à comunicação da cidade com o litoral e o interior, transportando a comunicação radial interna de seus bairros para o contato com o entorno e daí para a posição geográfica que com o desenvolvimento da indústria irá colocá-la no centro econômico do país.

Monbeig segue diretriz idêntica em suas análises das cidades da frente de expansão. Seja provindo de um patrimônio, seja de uma sede de loteamento é a similitude do sítio que dá o tom de uniformidade urbanística e o ar de família que se nota em todas elas. As cidades de fronteira se instalam primordialmente no topo do espigão.

A ligação com a ferrovia dá-lhes a forma alongada que as caracteriza e as arruma num arranjo de espaço urbano que tem na rua cortada no leito da ferrovia o eixo de sua organização e crescimento. Aí se localizam o centro da cidade e os prédios dos serviços urbanos. E daí saem as ruas laterais que orientam o crescimento da cidade para dentro, ao mesmo tempo que o eixo principal a orienta em suas ligações para fora, com o entorno rural e as demais cidades. A posição reproduz em escala as características do sítio em seu casamento com o eixo ferroviário, a posição de uma cidade multiplicando-se na posição das outras em face de, em geral, distribuírem-se e equidistarem a cada 15 km em função do interesse da ferrovia e sua necessidade de abastecimento em água e lenha, num formato de arranjo comum às áreas de fronteira que não será alterado nem mesmo com a chegada da rodovia.

Dá-se o mesmo com a descrição das cidades e colônias europeias do Sul, de Waibel. As colônias alemãs e italianas tiram seu sítio e sua posição das características das áreas de encosta das matas do planalto onde inicialmente são implantadas no Rio Grande do Sul e Santa Catarina. As áreas de eleição são em geral os fundos de vale, seguidos das encostas, num alinhamento às vezes de 20 km de extensão contínua. As colônias se distribuem ao longo desse eixo, com seus lotes retangulares com o lado maior localizado como testa à beira do rio e o eixo da estrada, o lado menor subindo a encosta rumo os divisores das águas, o povoamento e a estrada seguindo o leito do rio. Concentradas e distanciadas numa média de 8 km umas das outras, as colônias formam no geral um *habitat* disperso-concentrado que às vezes dificulta e às vezes facilita a distribuição, a localização das cidades e os intercâmbios e contatos. Também aqui a posição combina sítio e estrada. A característica do terreno, diferenciadamente dissecado pelos rios, altera as propriedades da posição de cada colônia, interferindo em suas relações com a cidade e a circundância mais ampla. É então a posição das cidades que comanda a vida de relações. Em geral, a cidade tem as mesmas características de sítio das colônias, localizando-se num ponto conveniente de ligação com a estrada e o rio em função dos quais se arruma em linha com eixo numa rua principal, com o casario concentrado ao redor da igreja e da praça central. A dispersão das colônias leva à multiplicação de cidades de mesmo perfil de vida de relação diretamente vinculada ao dia a dia da comunidade rural. Que a posição hierarquiza na distinção que estabelece entre cidades rurais e cidades de comando do mundo rural.

Ruellan, por fim, traz a peculiaridade de estar a lidar com a própria matéria-prima do sítio. E de já vê-lo como posição geográfica. A forma de xadrez dos dobramentos epidérmicos provindos da estrutura ortogonal dos dobramentos de fundo atua como o referente geral dos ordenamentos de paisagens, dentro das quais o sítio responde pela arrumação dos arranjos. Por seu turno, a clara vinculação histórica das linhas de comunicação com as de sequência de abaulamentos e de depressões esclarece o traçado sinuoso do arranjo que orienta a marcha do povoamento e faz da imensa quantidade de obras de engenharia a especificidade da circulação no espaço brasileiro.

A consolidação, o auge e as mudanças

Com essa literatura integrada se inicia a fase acadêmica da Geografia brasileira. Dela deriva um conjunto de livros e textos que, a exemplo do quadro mundial, destaca duas nítidas e distintas fases: a integrada e a setorializada. O período de 1950-1960 é o marco de passagem entre uma e outra.

O período que vai até os anos 1950 conjuga o quadro dos fundadores e dos primeiros geógrafos de origem universitária. Os anos de 1934-1939 registram a primeira fornada desses geógrafos, egressos dos cursos iniciados respectivamente em 1934 na Universidade de São Paulo e em 1935 na Universidade do Distrito Federal. De modo que entre 1938 e 1940 sucede-se a sequência de publicações de textos em periódicos e livros que saem de sua lavra. São trabalhos que reforçam os textos inaugurais de seus mestres.

É esse período inicial também o do surgimento das revistas que lhes servirão de apoio. Em 1939 é lançada a *Revista Brasileira de Geografia* (RBG). Em 1941 surge o *Boletim Geográfico*. São periódicos criados pelo Instituto Brasileiro de Geografia e Estatística (IBGE). Em 1949 é criado o *Boletim Paulista de Geografia* pela Seccional de São Paulo da Associação dos Geógrafos Brasileiros e, em 1950, o *Boletim Carioca de Geografia* pela Seccional do Rio de Janeiro. Em 1949 é a vez dos *Anais de Geografia*, uma publicação nacional da AGB já antecedida de um Boletim, criado ainda em 1934. Daí para diante se multiplicam as publicações seccionais, ao lado de revistas de Geografia de origens diversas, todas fadadas a cumprir um papel de proeminência nessa e nas fases seguintes (Antunes, 2008).

Muitos desses textos têm origem de intervenção de seus autores em eventos científicos, que então passam também a ter lugar numa crescente regularidade. A eles se juntam os textos que resultam de pesquisas realizadas em institutos criados para esse fim, como o IBGE, criado em 1937, e o Instituto Joaquim Nabuco, em 1941, ambos dando sequência à função para a qual fora criado o IPGH, Instituto de Pesquisas Geográficas e Históricas, criado no longínquo ano de 1883. São textos em geral de tom ensaístico, com a função de acumular a massa crítica que nos anos 1950 irá se transformar em ideias mais sistemáticas e originar livros que farão a Geografia já então chegar ao grande público.

Uma característica distingue-os das gerações futuras. Formados na visão de síntese dos mestres fundadores, esses geógrafos de primeira geração seguem suas práticas de tratar sobre temas que nos dias de hoje seriam julgados díspares num mesmo autor. Assim, Manuel Correia de Andrade, autor de *A serra de Ororobá, contribuição ao estudo dos níveis de erosão do Planalto da Borborema*, de 1957 e também de *Aspectos geográficos do abastecimento do Recife*, de 1961; Lysia Maria Cavalcanti Bernardes, de *Tipos de clima do Brasil*, de 1951, e de *Aplicação de classificação climática ao Brasil*, de 1953, textos inspirados na Climatologia de Köppen, também é de *Notas sobre o desenvolvimento da pesca no litoral do Rio de Janeiro*, de 1949, e de *Problemas de utilização da terra nos arredores de Curitiba*, de 1953; Aroldo de Azevedo, autor de *O Planalto Brasileiro e o problema de classificação de suas formas de relevo*, de 1949, também é de *Os subúrbios de São Paulo e suas funções*, de 1944; Pedro Pinchas Geiger, autor de *Notas sobre formas aparentes de pequenas "cuestas" na baixada fluminense*, de 1954, também é de *A respeito de produtos valorizados*, de 1953, e de *Exemplos de hierarquia de cidades no Brasil*, de 1957; Francis Ruellan, autor de *Estudo preliminar da Geomorfologia do leste da Mantiqueira*, de 1951, e de *A evolução geomorfológica da baía de Guanabara e das regiões vizinhas*, de 1944, também é de *Estudo geográfico na zona urbana do Rio de Janeiro*, de 1953; Pierre Monbeig, autor de *A propósito das regiões semiáridas sul-americanas*, de 1935, também é de *A zona metalúrgica no estado de Minas Gerais*, de 1936, de *As zonas pioneiras do estado de São Paulo*, de 1937, de *O estudo geográfico das cidades*, de 1940, e de *A paisagem, espelho de uma civilização*, de 1939; Aziz Ab'Sáber, autor de *Geomorfologia da região de Jaraguá, em São Paulo*, de 1947, também é de *Paisagens e problemas rurais da região de Santa Isabel*, de 1952; Ary França, autor de *Notas sobre a frequência dos ventos na cidade de São Paulo*, de 1944, também é de *As paisagens humanizadas da ilha de São Sebastião*, de 1952. Mas é bastante significativo que Delgado de Carvalho, autor do livro *Meteorologia do Brasil*, de 1917, seja também de *O Brasil meridional: estudo econômico sobre os estados do Sul*, de 1910.

E não se diga tratar-se de trabalhos de iniciantes, ainda sem linha de interesse definida, ou diletantismo de quem quer mostrar conhecimento enciclopédico ou falta de profissionalismo e compleição acadêmica. A maioria desses trabalhos são textos de referência da fundação da ciência geográfica no Brasil e referência de outros trabalhos, nos quais são seguida e reiteradamente referidos como bases de apoio entre seus pares. No tempo. E ainda hoje. Lysia Bernardes, que viria a ser referência dos trabalhos de Geografia urbana nos anos 1960-1970, é a introdutora da tipologia dos climas brasileiros a partir da classificação de Köppen, que é tomada como base dos trabalhos de todos os geógrafos de até os anos 1960, quando a referência teórica muda da Climatologia tradicional para a Climatologia genética. Manuel Correia de Andrade, que se tornará, ao lado de Orlando Valverde, a referência da Geografia agrária clássica brasileira, é então assistente de Geografia física de Gilberto Osório de Andrade. Ary França, que será uma das referências dos modernos estudos de Climatologia no Brasil, é então um dos mais conceituados estudiosos da fronteira de expansão cafeeira do estado de São Paulo. São geógrafos de formação integralizada. Mesmo que a caminho de uma especialização setorial, de certo modo já implícita ou indicada em seus próprios textos.

A perspectiva integrada brasileira

E é essa queima de etapas que mistura visão integrada e visão setorializada e faz da ambiguidade a marca da Geografia brasileira dessa fase. A maioria dos geógrafos faz Geografia integrada, mas realizando-a a partir de um ponto setorial específico de partida.

A reunião do Congresso Internacional da UGI (União Geográfica Internacional) vai ter nisso um papel de considerável importância. O Congresso ocorre num momento em que a Geografia brasileira saíra da fase dos textos ensaísticos para a de elaborar trabalhos de maior fôlego. Os geógrafos fundadores retornaram já a seus países e são as gerações das duas primeiras décadas que respondem agora pela Geografia brasileira plenamente. A força da presença das obras seminais é ainda determinante, mas o contato com a plêiade de geógrafos de formação setorializada que aqui vêm para participar do evento internacional mostrará ter igual peso.

A própria estrutura do Congresso, essencialmente baseada em programações de Geografia setorializada, contribuirá para isso. Embora, por outro lado, aqui igualmente se encontrarão muitos dos que já então são autores de obras clássicas, como Sorre.

Do amálgama dessa conjuminação sai o que talvez poderia ser considerada a forma brasileira de Geografia integrada: trabalhos integrados, mas em campos temáticos. Há uma preponderância inicial de obras elaboradas a partir da temática rural, em que a relação agrária funda-se ainda na relação homem-meio e a noção de região é a base da análise espacial. Ao seu lado, as obras de temática urbana, a relação urbana fazendo-se ainda na referência da integração homem-meio, seja por conta do conceito do sítio, seja da teoria já então fortemente presente do papel regional da cidade. Em simultâneo, multiplicam-se as obras seja da Geomorfologia, seja da Climatologia, em que o peso da preocupação com o tema do sítio é mercante, com vista à sua relação com a ocupação humana, seja agrária, seja urbana, seja regional.

Há, assim, por extensão, um peso forte da tradição regionalista nessa perspectiva integrada, em face da influência ainda fortemente presente da visão vidaliana trazida tanto por Monbeig quanto Ruellan, da visão brunhiana trazida por Deffontaines e da visão da Geografia da paisagem alemã trazida por Waibel, defensores da visão integrada. Sobretudo, faz parte das teorias o vínculo epistemológico dos fatos da Geografia com a superfície terrestre, em que a visão tende a ser sempre a integrada.

Vejamos obras dessas três áreas.

Quatro trabalhos ilustram esta visão integrada no campo da vertente rural-agrária: *Estudos rurais da baixada fluminense*, de Pedro Pinchas Geiger e Myriam Gomes Coelho Mesquita, de 1956, *A zona do cacau*, de Milton Santos, de 1957, *Os rios-do-açúcar do Nordeste oriental,* de Gilberto Osório Andrade e Manuel Correia de Andrade, de 1957 (volumes I e II) e 1959 (volumes II e IV), e *A região da Baixa Mogiana*, de Dirceu Lino de Mattos, de 1959. São livros que dão consequência e ao mesmo tempo amplificam em escala o olhar físico-humano dos textos-ensaios dos anos 1940-1950, escritos como uma preparação a voos mais altos que agora se concretizam. Que têm a característica de ser trabalhos feitos na fronteira entre o olhar dos seus mestres e a fuga para a autonomia e olhares próprios. Mas que longe estão de podermos classificar como de uma Geografia brasileira propriamente setorializada.

Estudos rurais da baixada fluminense é um bom exemplo desse perfil. A ambiguidade de ser uma visão integrada ou setorializada se estampa no próprio título. É um estudo rural, não ainda agrário, embora combinando a terminologia agrarista de Monbeig e a thuniana de Waibel, ao mesmo tempo. Seu tema são as transformações do espaço rural circundante à região metropolitana do Rio de Janeiro enquanto expressão do momento de passagem da sociedade brasileira de agrária para urbano-industrial. O texto é de 1956. Seu modelo estrutural lembra o do *Pioneiros* de Monbeig, incorporando o viés de analisar as características fisiográficas pelo prisma da Geomorfologia nos termos de Ruellan – Geiger fora até há pouco integrante da equipe de geomorfólogos do mestre francês, esse livro indicando seu deslocamento para os temas sociais –, para culminar numa análise geoeconômica no formato de Waibel.

É, assim, um livro que flagra a série de transformações do arranjo do espaço do estado do Rio de Janeiro, empurradas pela entrada da especulação imobiliária nas áreas até então rurais do entorno guanabarino. E embora visando a problemática rural, ele tem por centro de gravidade os problemas relacionados à ação dos loteamentos.

O reordenamento urbano do espaço rural é, pois, o pano de fundo. E o foco da análise é o movimento de troca local do rural para o urbano e então de transferência das áreas rurais e de cultivos do entorno da cidade do Rio de Janeiro para as áreas mais distantes do norte do estado, rumo ao município de Campos, num deslocamento do espaço rural estadual de oeste para leste. Para isso, Geiger e Mesquita formam um conceito *lato* de baixada fluminense que a compreende como um amplo arco que vai do entorno carioca ao norte do estado.

Toda uma detalhada análise de História regional em seus aspectos geológico-geomorfológicos, hidroclimáticos e topográficos e em suas relações com as obras de engenharia que reordenam como um todo desde a região da baixada no entorno imediato da cidade-metrópole até as áreas mais a leste, tem assim lugar, marcando as transformações e as migrações como parte de um processo de História. O fato de a baixada situar-se entre a Serra do Mar, localizada ao fundo, e os maciços cariocas, localizados à frente, numa recuperação dos estudos de Deffontaines, traduziu-se numa drenagem natural desorganizada e assim na necessidade de um trabalho de recriação humana que remodele e adeque o espaço a um uso agrário controlado. Há, assim, uma sequência de fases históricas de reordenamento que vai desde o emprego do braço escravo em longos traçados de canais de escoamento da água empoçada até as obras de engenharia de maior envergadura e abrangência do espaço físico, numa persistência de trabalho de domínio do sítio. A própria ocupação vai mudando assim de lugar. É quando se dá a introdução da cana, seguida da fruticultura (laranja) na baixada como ultimação de etapas. São descrições minudentes da forma de terreno e de correlação homem-meio nos diferentes momentos, analisando-se as sucessivas interferências e remodelações do sítio. A descrição da correlação da cana e dos tabuleiros, da laranja e das encostas, da banana e das vertentes chuvosas em ambientes florestados e do gado e áreas rejeitadas pelo plantio da planície drenada culmina na visualização dos entrelaces de integralidade da paisagem.

É nesse momento que se inicia a fase dos loteamentos, de novo tudo mudando. De entremeio, vêm a devastação da floresta (desmatada, além de intensamente consumida para lenha), a repetição das cheias renitentes e a expulsão das culturas, acentuadas pela chegada do loteamento generalizado. Tudo empurrando para o norte. A fragmentação da propriedade rural é o alimento da especulação, da migração rural e da rápida expansão urbano-industrial que metropolitaniza a cidade, e, assim, da redivisão regional que arruma o espaço estadual num arranjo em anéis, numa curiosa thunianização espacial do estado.

A zona do cacau é uma monografia regional vidaliana típica, o que não é de todo raro na obra de Milton Santos. A estrutura e o modo de análise que toma encarna claramente *Colonização, povoamento e plantação de cacau no sul do estado da Bahia*, o texto de Monbeig de 1940. A integralidade da paisagem é feita por superposição de camadas, segundo a técnica monbeiguiana, com o povoamento e o *habitat* sobrepondo-se ao quadro natural e sendo sobreposto, por sua vez, pelo arranjo da economia cacaueira. Mas é a circulação e os seus efeitos de entrelaçamento entre o arranjo do espaço e o papel da cidade – também aqui numa inspiração de Monbeig – o traço forte da análise.

Antes de tudo, há um grande cuidado preliminar com a montagem do conceito de região, manifestado na ênfase sobre a distinção entre região e zona, em função da qual o espaço cacaueiro diferencia-se. A zona é a parte nuclear situada no âmago da região, distinguida por sua vez em centro (a área do imediato de Ilhéus) e periferia, assim se estabelecendo uma relação hierárquica de centro-zona-região, com as cidades no ponto da gravidade. É aqui que sítio e posição se encontram. Todo um minucioso detalhamento do quadro natural então é feito, preparando a base da trama de correlações de que o cacau – "uma planta ecológica" – é o ator principal.

O sul baiano cacaueiro é uma baixada – uma peneplanície de forma tabular – de terreno sedimentar, espremida entre a área de floresta e de altas montanhas do interior e a fímbria de terra arenosa e baixa do litoral e clima quente e chuvoso de enorme regularidade hídrica e térmica. A regularidade anual das chuvas e da temperatura, a fertilidade do solo e a proteção da copa da floresta é o segredo da região do cacau. O cacaual dá seus frutos dentro e embaixo da copa alta da floresta, se expressando como um sub-bosque imerso num ambiente quente, úmido e sombrio, num sistema de cabrocamento, o sistema de cultivo que melhor lhe convém, e germina em meio a um solo humoso e coberto de uma camada de pedras que garante a proteção da água, necessária a suas raízes, solo e planta contra a evapotranspiração, se relacionando numa reciprocidade de geração. A presença de certos tipos de árvore – descrição que lembra o conceito de ordens de matas de Waibel – indica ao cacauicultor a presença do solo fértil e o orienta no arranjo de espaço do cacaual.

O cacau é aí introduzido nos meados do século XVIII, nas cercanias de Canavieira e Ilhéus. Lentamente cresce no sentido rio acima, numa expansão que se acelera com a chegada da ferrovia, no século seguinte, espalhando-se na primeira fase pelos vales fluviais e na segunda pelo leito da ferrovia e lançando vilas e arraiais pelo caminho, num *habitat* disperso e difuso, mas contínuo. À sua base está a pequena propriedade, cuja concentração cede lugar a seguir às propriedades média e grande. A malha das cidades tem relação com a forma e a rede da circulação, revelando o papel de via de penetração destas e de comando daquelas. O uso dos rios tem o papel preliminar, todavia. Por meio deles as vilas e arraiais surgem e se comunicam com os portos, então fluviais. E são esses portos fluviais que pelos contatos marítimos as interligam aos mercados externos e internos, em particular Salvador. A chegada da ferrovia rearruma essas relações do espaço, expandindo a zona e a região do cacau mais para dentro do continente, desativando ou reduzindo a importância da função portuária e urbana de cidades da embocadura fluvial e interligando, difundindo e amplificando, por outro lado, o número e o tamanho das cidades com elas interligadas, numa recriação das relações em rede que modifica o papel de centros urbanos de referência na região cacaueira. É quando o eixo Itabuna-Ilhéus vira o centro de referência. A entrada da rodovia, entretanto, tudo de novo muda. Fase final de montagem da rede de relações na zona e na região do cacau, a rodovia dá novo desenho à rede dos entrelaces, numa nova e mais radical arrumação das ordens de importância. Assim, redistribui ou reforça as centralidades urbanas das cidades fluviais e da ferrovia, reconfirma o papel principal do eixo Itabuna-Ilhéus, reafirma os vínculos de dependência com a cidade e o porto de Salvador e organiza efetivamente o espaço cacaueiro como uma região geográfica enquanto um fato de circulação.

Os rios-de-açúcar do Nordeste oriental é uma tetralogia que estuda os vales que alojam as áreas do espaço canavieiro-açucareiro da enorme região do entorno do Recife. O volume I – *O rio Ceará-Mirim* e o volume III – *O rio Paraíba do Norte* são de autoria de Gilberto Osório de Andrade e o volume II – *O rio Mamanguape* e o volume IV – *Os rios Coruripe, Jiquiá e São Miguel* são de autoria de Manuel Correia de Andrade. Todavia, são quatro monografias arrumadas num mesmo padrão de estrutura, o primeiro capítulo detalhando o quadro físico e seus envolvimentos humanos imediatos e os seguintes o quadro do arranjo de correlações do espaço canavieiro-açucareiro propriamente dito.

O conjunto regional que analisam é o domínio estrutural do maciço cristalino da Borborema, de onde descem esses rios e em cujo longo piemonte se alojam os vales onde se instalam os canaviais e usinas. A presença majestosa do planalto domina o visual e o arranjo paisagístico do canavial que avança por sobre rios e cidades, formando a faixa de terras da Zona da Mata. A borda oriental do maciço, numa linha divisória que separa sertão e agreste, para dentro, é o ponto do nascedouro dos rios. E de onde esses rios descem dissecando e compartimentando o piemonte numa sequência de esporões e vales encosta abaixo, até o encontro das baixas planícies sedimentares do baixo curso com suas cheias periódicas e seus meandros com o Atlântico na forma de grandes rias.

Alinhados como num grande feixe de paralelas, sucedem-se de norte para o sul o Ceará-Mirim, no Rio Grande do Norte, o Mamanguape e o Paraíba do Norte, na Paraíba, e o Cururipe, Jiquiá e São Miguel, em Alagoas. Em todos, contrasta o uso da terra entre o alto e o baixo curso. O Ceará-Mirim tem suas nascentes localizadas na zona do sertão hiperxerófito do Rio Grande do Norte, atravessa o agreste ainda com problemas de aridez, só ganhando perenidade a partir do médio curso, onde recebe o fluxo da rede de afluentes perenes provenientes de cabeceiras situadas em terrenos cretáceos e ricos em olhos d'água, que a estes alimenta em caráter permanente, assim chegando ao baixo curso com perfil completamente diferente, com transbordamento e formação de alagadiços nas planícies no período das cheias. Enquanto a parte alta do agreste é uma área de caatinga e solos inadequados para o uso agrícola, o baixo curso é o domínio dos tabuleiros terciários de solos arenosos cobertos de cerrados e mata secundária e das pequenas várzeas quaternárias de solos de massapê humosos e ricos em material orgânico proveniente das rochas cretáceas da encosta média cobertas de mata, onde nas partes secas viceja a cana e se localizam as usinas. O Mamanguape, um dentre os rios pequenos que descem da Borborema em território da Paraíba, nasce a noroeste de Campina Grande, também com curso temporário nas cabeceiras até tornar-se permanente no médio e baixo curso, onde localizam-se os canaviais e as usinas num ambiente em tudo semelhante à bacia do Ceará-Mirim. O Paraíba do Norte, maior rio paraibano, extrai dessa diferença seu papel de principal rio açucareiro do estado, acrescido do fato de a Borborema descer aí num gradiente de grande regularidade das cabeceiras à foz, ter maior intensidade das chuvas, forte recuo dos tabuleiros e maior extensão das várzeas, permitindo melhor solução do problema de temporariedade hídrica do alto e médio curso e melhor proveito da produção canavieiro-açucareira do curso inferior, beneficiado pela maior proximidade com Recife. Os rios Coruripe, Jiquiá e São Miguel, por fim, conhecem um quadro natural e de correlações humanas diferentes em face da cabeceira de seus cursos se localizar na vertente sul da Borborema, praticamente limitada ao norte do estado de Alagoas, abrindo para a entrada dos ventos úmidos interior adentro e a transição mata-sertão fazer-se de modo quase direto, mas na contrapartida de um enorme avanço dos tabuleiros terciários dominarem sobre as várzeas no baixo curso, exigindo maior esforço técnico e de adubagem para o plantio da cana e suprimento das usinas.

A similitude do quadro de correlação físico-humana se reproduz numa similitude das paisagens dos canaviais, das usinas, das cidades e dos problemas que a monocultura e a usina acumulam no tempo. A condição de cultura de safra única se reflete nos problemas alimentares e de emprego. O uso generalizado da mata para combustível e sua erradicação para o plantio se refletem em problemas cujo melhor exemplo é o assoreamento e a paralisação do uso histórico dos rios no consumo de água industrial e no transporte da cana e da lenha até as usinas. Sem contar com os despejos da calda, que acrescentam a morte dos próprios rios. Há uma diversidade, entretanto, que se vincula aqui às diferentes proporções e características de inundação das várzeas e ali às diferentes posições dos vales diante da localização central da cidade do Recife, centro de comando, mas que não logra conseguir organizar numa só regionalidade o todo da Zona da Mata canavieiro-açucareira.

A região da Baixa Mogiana, de Dirceu Lino de Mattos, por fim, é um típico estudo de zona de passagem da frente pioneira do café, embora seja vazado mais na teoria e conceitos de Waibel que de Monbeig, e ser acrescido da visível influência dos textos historiográficos de Caio Prado Jr. e Sérgio Buarque de Holanda, numa combinação *sui generis*. Apresentando-se como um estudo regional, pauta-se ele, entretanto, como um típico exemplo do que em breve virá a ser um estudo de Geografia agrária. Há, de um lado, o cuidado prévio de precisar o caráter e o perfil regional da Baixa Mogiana, e, de outro, o de clarear o emprego da categoria do uso da terra como chave da análise das correlações em sua diferença e vínculo com o conceito de classificação da terra. É, assim, um estudo do uso, não de classificação da terra. É o uso da terra o conceito que integra natureza e homem, dentro dele se explicitando o papel do sítio e da posição. E é ele que faz o vínculo que liga o todo das relações, costura e demarca a formação da Baixa Mogiana como uma região. Um fato que se dá com a chegada do café, mesmo que para reiterar a Baixa Mogiana como um território de passagens.

Localizada em boa parte na depressão periférica, a Baixa Mogiana é, até 1836, um ponto de passagem do caminho de São Paulo para as áreas de mineração de Minas Gerais, Goiás e Mato Grosso. Por isso, só a primeira foi ocupada das três em que a região se divide: a área plana e sedimentar e de campos da depressão, a acidentada, cristalina e de floresta do reverso da serra da Mantiqueira e a do planalto alcalino e campestre de Campos do Jordão. Vindo do vale do Paraíba, o café vai instalar-se por essa época na parte florestada e de solos melhores do cristalino, deixando as outras duas para a pecuária, segundo a prática histórica característica do Brasil apontada por Waibel. Essa correlação espacial se mantém mesmo quando a cafeicultura se desloca para os terrenos de terra roxa da região de Ribeirão Preto nos anos 1920. Então, o pouco de área cafeeira que sobra cede lugar para a entrada do gado e culturas temporárias na área do cristalino desmatada.

Por isso, embora pelo valor de produção a Baixa Mogiana apareça como uma região agrícola, pelo critério da extensão de território ocupado se revela uma área principalmente de pecuária, uma vez que o gado é criado seja nas áreas de pastagens naturais da depressão e do planalto de Poços de Caldas, seja nas devastadas e deixadas para trás pela marcha cafeeira em seu deslocamento para a frente.

O arranjo do espaço é a expressão dessa característica, tanto na sobreposição do uso da terra e da base física quanto na estrutura das relações de propriedade e produção. As áreas florestais do cristalino são o domínio do café, as do cristalino desmatado são do gado melhorado e das culturas alimentícias e as campestres da depressão periférica e do alto planalto de Poços de Caldas são do gado extensivo. Um papel à parte é cumprido pelos campos de altitude de Poços de Caldas, para onde os pecuaristas deslocam seu gado em épocas de chuva e calor intensos da depressão, sendo comum estes terem propriedade para funções diferentes numa e noutra área. As relações de propriedade e produção acompanham esse plano de arrumação e correlação dos sítios, as propriedades maiores e com predomínio do trabalho assalariado localizando-se nas áreas de pecuária e as menores e baseadas em trabalho familiar nas de culturas alimentícias. E são os hábitos arraigados que emanam desse passado aprisionador do presente a argamassa da identidade regional da Baixa Mogiana, no estilo típico do aventureiro analisado por Sérgio Buarque de Holanda em *Raízes do Brasil*.

Três outros trabalhos seguem o mesmo caminho, mas no âmbito do tema urbano: *A cidade de São Paulo: estudos de Geografia urbana*, de 1958, coletânea de estudos dirigida e organizada por Aroldo de Azevedo; *O centro de Salvador*, de 1959, de Milton Santos; e *Evolução da rede urbana brasileira*, de 1963, de Pedro Pinchas Geiger.

A cidade de São Paulo: estudos de Geografia urbana é uma obra dividida em quatro volumes, escrita por um elenco de professores da USP e vazada no roteiro formulado por Aroldo de Azevedo: o primeiro volume é dedicado à região de São Paulo, o segundo à sua evolução urbana, o terceiro aos aspectos da metrópole e o quarto aos subúrbios paulistanos. A cidade é vista por seu sítio e posição, que a urbano-industrialização reforça e generaliza. O sítio explica o traçado urbano da cidade e a situação os liames que a tornam o centro de gravidade econômica do país.

A cidade nasce no topo plano do interflúvio formado pelo rio Tamanduateí e seu afluente o ribeirão Anhangabaú, um espigão secundário diante do principal, formado pelo encontro do rio Tietê e seu afluente Pinheiros. A partir desse espigão secundário a cidade nasce e cresce invadindo novos sítios. Na fase inicial, São Paulo é uma vila mista de função catequética e aldeamento indígena, cercada de uma circundância rural e aldeamentos isolados. O núcleo inicial cresce no rumo da circundância, num ritmo tão vagaroso que, tempos depois, ainda no século XIX, seu urbanismo pouco difere do primeiro sítio, quando então explode em rápido crescimento. Posto num pano de fundo, o rio Tietê nesse momento pouco responde pelo quadro geral da paisagem urbana, mais atuando como um longo eixo de ligação com o interior e sem uma função econômica que não essa de contato, até que, com a aceleração do crescimento, a cidade desce para sua várzea, que se torna, desde então, o eixo da organização urbana. O surto vem com a economia cafeeira a partir dos anos 1870-1880, a entrada maciça de imigrantes, a irradiação da ferrovia e a industrialização, que empurram o plano urbano por sobre tabuleiros, colinas, terraços e vales, abraçando uma diversidade de sítios que só à custa de obras de engenharia ganha sua unidade, incorporando e transformando a periferia, áreas rurais e aldeamentos rapidamente nos bairros e subúrbios que vão torná-la uma metrópole, onde os problemas de circulação e inundação em épocas chuvosas cobram os dividendos do sítio do começo e o espraiamento radial das comunicações põe a cidade numa posição privilegiada de centro do espaço de relações do país com efeitos de um ainda maior congestionamento interno.

O centro da cidade de Salvador: um estudo de Geografia urbana é a tese de doutorado de Milton Santos, defendida em 1958 e publicada no ano seguinte. O arranjo espacial do centro é visto em consonância com o sítio e a relação funcional de comando regional da cidade. O sítio divide a cidade em partes distintas. Sendo um *grabben* cercado de um *horst*, o sítio urbano forma uma cidade alta e uma cidade baixa, separadas pela brusca declividade do terreno e a altitude. A cidade alta nasce instalada no topo do *horst*, enquanto a cidade baixa na fímbria de terra que se insinua entre a parede abrupta deste e o mar, onde vai instalar-se o porto. Surgem, assim, a cidade administrativa na parte alta e a cidade comercial na parte baixa separadas pelo obstáculo do paredão rochoso e das ladeiras inclinadas que aos poucos vai sendo vencido por obras de engenharia.

E são essas obras de engenharia e o crescimento da economia associada às relações de comando do entorno que levam o sítio aos poucos a se remodelar. Dois elevadores e um sem-número de ruas abertas em ladeiras promovem a ligação entre as cidades alta e baixa, integrando-as. Ao mesmo tempo, uma sequência de obras de alargamento amplia a extensão da cidade baixa e vias novas de comunicação interligam a cidade alta e o interior, Salvador então se unifica para dentro e para fora. A remodelagem do sítio está integrada, assim, a alterações no campo da posição, com efeitos sobre a paisagem interna e sobre o papel de comando externo da cidade. São parte dessa relação de mudança recíproca entre sítio e posição o reforço do papel de sede administrativa da cidade alta e a reafirmação do papel comercial da cidade baixa. Ponto de referência das mudanças, a ampliação das instalações portuárias reafirma ao mesmo tempo o papel do centro regional da cidade.

A cidade cresce e se expande nessa relação com o entorno. Centro de recepção das migrações do interior, sua área ganha extensão maior, ao mesmo tempo que se integra, numa dinâmica que cresce com o aumento do tamanho e das demandas da população que abriga. Salvador conta com 8 mil habitantes no final do século XVI, 20 mil no final do século XVII e 40 mil no final do século XVIII, dobrando de 50 em 50 anos, daí para diante acelerando seu crescimento quanto mais a retaguarda agrícola e pecuária do recôncavo e a economia cacaueira do sul do estado se desenvolvem. O que exige a ampliação do porto, a remodelagem dos serviços e o comércio urbano da cidade baixa, que cresce em número de bancos e casas comerciais, e a modernização da infraestrutura e a diversificação dos serviços e postos de atendimento administrativo da cidade alta. O açúcar, o fumo, os produtos alimentícios e cada vez mais o cacau, mesmo com o crescimento do eixo Itabuna-Ilhéus como centro exportador sul-regional, entram ou escoam pelo porto, acentuando as funções locais ao mesmo tempo que regionais do conjunto da cidade. O centro, cerne desse corpo, é quem melhor revela esse todo funcional. A região se projeta nas feições do centro, ao mesmo tempo que o centro nela se projeta com as suas de núcleo estrutural da cidade. A fisionomia dos prédios, o desenho das ruas, o detalhe da paisagem, o formato do arranjo urbano, cada um desses aspectos do centro revela essa relação de interdependência.

A evolução da rede urbana brasileira, de Pedro Pinchas Geiger, é um trabalho diferenciado nesse quadro. Espelho de uma relação intelectual que os geógrafos e a

Geografia têm com o real nacional que se modifica, é uma visão global do todo do país pelo ângulo do papel da cidade. A posição correlacional, vista por referência ao plano nacional do quadro urbano, é aqui tão múltiplo quanto o sítio, o plano interno e o plano externo do arranjo espacial de cada cidade ganhando evidência por seu intermédio. Há que se definir, então, previamente a cidade. Sobretudo o seu perfil brasileiro.

As cidades brasileiras não só se distinguem e diferenciam, como igualmente se aproximam e se agrupam por ordens de taxonomia, tomando sítio e posição como referência. Ocorre que é o dado político o fato de definição da natureza da cidade no Brasil desde o começo. Não é raro a cidade nascer de uma sede de fazenda, de lavoura ou de gado, a fazenda virar município e a sede, cidade.

Nem mesmo a arrancada industrial muda esse quadro. Ao contrário, a relação indústria-cidade às vezes reitera o duplo cidade-fazenda de nosso contexto histórico. Com a indústria e a difusão dos meios de transporte e comunicação que traz consigo, realinhando funções, sítios e posições, ao arrumar tudo num lugar em rede, é a força do poder de decisão da tradição política que às vezes prevalece. Não é raro ser a antiga sede a cidade que se projeta na trama do movimento de emergências e decadências que então se estabelece, o poder político usando de seus meios para promover esta ou aquela cidade à centralidade do cenário, ao lado das cidades novas criadas pela indústria. Uma peculiaridade que é própria da dinâmica geográfica brasileira, sobretudo na escala das cidades menores, é a cidade provir da sede de antigas fazendas e depois, por obra da ação política, ser transformada em polo de uma rede trazida pelo desenvolvimento das relações de troca e pelo crescimento da indústria para a região, erigida em uma cidade de comando local. E não é raro isso acontecer mesmo em cidades de escala intermediária. O peso da decisão política só desaparece na escala da metrópole.

Por fim, citemos duas obras no campo temático da natureza: *A Geomorfologia e o sítio urbano de São Paulo*, de 1957, de Aziz Ab'Sáber, e *Estudo sobre o clima da bacia de São Paulo*, de 1946, de Ary França.

A Geomorfologia e o sítio urbano da cidade de São Paulo é a tese de doutorado de Aziz Ab'Sáber, publicada em 1957, com edição fac-similar de 2007. São Paulo é uma cidade alojada numa bacia de origem fluviolacustre, formada num primeiro momento pelo acúmulo de águas e depósitos sedimentares no período pré-Pleistocênico e que no momento seguinte são fortemente dissecados e diferenciados em diversos blocos de pequenas unidades geomórficas pelo rio Tietê e seus afluentes. Trata-se de uma depressão de origem tectônica e estruturada no entrecruzamento de inúmeras pequenas falhas que no Plioceno interrompem o fluxo corrente do Tietê, um rio antecedente, bloqueando e limitando sua continuidade a uma pequena saída, e que no decorrer do pré-Pleistoceno atua como um nível de base local. Lentamente a depressão vira um lago entulhado de sedimentos arrancados da coroa de serras circundantes pela própria rede fluvial do Tietê, que aos poucos se transforma numa bacia sedimentar nivelada em toda sua extensão. É quando o rio encontra sua saída e inicia um trabalho de intensa escavação que quebra e diferencia a paisagem numa sequência de interflúvios e vales. A alternância de condições climáticas que à época tem lugar frequentemente interrompe e recobre partes da superfície sedimentar de uma camada de limonita, numa sucessão de ciclos de retomadas e recuos do processo erosivo, num movimento epicíclico, cujo resultado é a formação de um sítio de espigões de topo plano nas áreas de maior resistência, as de cobertura limonítica, alternadas por áreas baixas de várzeas amplas localizadas às margens do Tietê, do Pinheiros e do Tamanduateí, que a cidade vai ocupar.

O sítio da cidade de São Paulo obedece, assim, a uma estrutura paisagística em que os espigões mais elevados caem para as áreas das várzeas às vezes em declividades suaves e às vezes numa profusão de colinas e patamares intermediários que compartimentam fortemente o todo do espaço urbano. O eixo desse arranjo urbano é o longo espigão situado entre o rio Tietê e o rio Pinheiros, hoje ocupado pela Avenida Paulista, de onde a cidade desce e se espraia para as várzeas e além. O núcleo histórico da cidade localiza-se, entretanto, num espigão situado entre o rio Tamanduateí e o ribeirão do Anhangabaú, de onde se expande pelo tronco maior do espigão-mestre para formar o sítio atual da cidade.

Tirando desse sítio a pujança do seu urbanismo, a cidade extrai também inúmeros de seus problemas. Só tardiamente a cidade desce para ocupar as várzeas, quando, então, em infindas obras de engenharia, o Tietê assume o papel de eixo urbano. Situado num quadro climático de fortes chuvas de verão e alojada numa depressão que domina todo seu sítio, a cidade de São Paulo vê-se constantemente às voltas com problemas de transbordamentos do rio, congestionamento de trânsito e extensos alagamentos.

Estudo sobre o clima da bacia de São Paulo é a tese de doutorado de Ary França, com orientação de Monbeig, de 1946. A cidade de São Paulo assenta-se num sítio de várzeas e colinas de origem terciária cercadas por uma coroa de terras cristalinas e mais altas, esse quadro interferindo fortemente em suas características climáticas. Três massas de ar aí interferem, a tropical atlântica (Ta), a equatorial continental (Ec) e a polar atlântica (Pa), que recobrem a bacia numa forte relação de interseção e entrecruzamento. A Ta é a de dominação mais extensiva e longa, localizando-se sobre a bacia por todo o período de outono, inverno e primavera, só recuando para o Atlântico com o avanço da Ec, que predomina na bacia no período do verão. A movimentação dessas duas massas de ar entra em interseção com os avanços da Pa, cujo resultado é a frequente formação de frentes frias de efeito determinante na repartição da temperatura e das chuvas. Mas é a sucessão dos tipos de tempo, marcada pela alternância das estações do ano, que orienta o dia a dia dessa repartição, definindo um cotidiano urbano de fortes oscilações climáticas.

Avulta em toda essa literatura a visão integrada extraída dos mestres de referência, mesmo que o tratamento dado ao tema indique uma tendência setorial. E, como neles, a integração se faz no vão da construção do discurso do todo como um discurso convergente para a paisagem por fim e por inteiro descrita. E a partir da mesma sequência de combinação, uma a uma, das categorias do sítio e da posição, a que o enfoque agrário acrescenta o *habitat*, o urbano a polaridade, o geomorfológico a escala, o climatológico o ritmo de tempo e todos o tom da regionalidade. Também aqui o desenho do arranjo espacial é a categoria da descrição que arruma o todo do espaço paisagístico, como localização, distribuição e extensionalidade. O sítio é, em princípio, a base do começo. O ponto espacial de referência da relação homem-meio como conteúdo e integralidade geográfica. Ele é o objeto inicial da distribuição das localizações dentro do quadro do arranjo que vai evidenciando o lugar de escala da posição com a qual o formato do arranjo do espaço se ordena e se configura a paisagem. Sítio, posição e regionalidade se põem como níveis de escala, garantidos no suporte do arranjo do espaço. Brunhes é aqui uma espécie de teórico geral.

O sítio remete à escala do detalhe. Em Geiger e Mesquita essa é uma máxima visível. A arrumação do sítio por obras de remodelação da paisagem transforma a baixada fluminense em espaço organizado para os fins das relações rurais, promove seus sucessivos deslocamentos do fundo da baía para o leste e organiza a entrada da especulação imobiliária na região. O retraçado da linha dos rios e das áreas de alagadiço se combina ao da ocupação primeiro pelas relações agrárias, depois pelo loteamento e por fim pela urbano-industrialização, ao mesmo tempo que os eixos de comunicação articulam os entrelaces que vão converter a cidade na metrópole. A localização contígua da baixada é a chave da posição que organiza a cidade como metrópole ao mesmo tempo que a lança em suas relações para dentro do país. A ponte que a cidade precisa como capital nacional e a base que internamente irá regionalizar o espaço do estado em anéis, num típico traçado thuniano. Em Gilberto Osório e Manuel Correia dá-se o mesmo com o sítio dos canaviais e das usinas. As extensões secas das várzeas são as áreas de localização, pontos de referência da distribuição do plantio e da indústria. As características dos vales fluviais completam o resto. O perfil da aba e da encosta da Borborema, a semiaridez do alto e as chuvas do baixo curso, os olhos d'água das formações calcárias e a perenidade dos rios do médio curso, as obras de ordenamento das várzeas alagadas, o difícil traçado da circulação das comunicações e dos transportes, a posição-chave das cidades dão o tom da regionalidade. O mesmo se diga em Mattos. Aqui o sítio se engata em relação direta com a distribuição dos assentamentos territoriais do cafezal e da pecuária, atravessados pela posição-chave da depressão periférica. As áreas acidentadas e florestadas servem à lavoura e as planas e de campos à pecuária, como numa escala menor do quadro da ocupação nacional. É o sítio que orienta as vias da circulação e a arrumação da paisagem sub-regional da Baixa Mogiana. Em Milton Santos o sítio é a separação radical inicial da cidade alta e da cidade baixa. A base que a força do apelo às obras de engenharia costura num espaço de extensão integrada, numa mesma, mas não única cidade. A História se mantém nas marcas do espaço, enredada. A cidade alta, núcleo histórico, a cidade-fortaleza com que a História urbana se inicia, segue sendo o centro administrativo. A cidade baixa, núcleo das integrações portuárias para dentro e para fora, o centro do comércio. A unificar a extensão da cidade só as marcas paisagísticas sincréticas da polaridade regional do centro da cidade. As agências bancárias da cidade baixa e os prédios de governo da cidade alta são a expressão fisionômica da dependência que o urbanismo traz da região, assim como esta depende funcionalmente do comando regional do centro da cidade. Em Azevedo, Ab'Sáber e França o sítio é a presença dominante da Avenida Paulista na economia e no imaginário da cidade de São Paulo. Efeito da força do núcleo urbano, assentado no elenco de esporões de que o espigão-mestre é o centro de referência. Daqui tudo parte e a cidade se arruma na combinação quebrada dos altos e baixos dos espigões e vales mal escondidos na profusão de obras de engenharia que como que buscam resgatar a linha da planura e a homogeneidade do pacote de sedimentos fluviolacustres pleistocênicos que a dissecação do Tietê e afluentes fragmentou intensamente, a História humana tentando resgatar uma História natural adversa, mas usando o próprio material retrospectivo desta. E, em Geiger, o sítio é a infinita diversidade fenomênica que é a cidade brasileira por sua origem de natureza política, a multiplicidade escondida por baixo do padrão que entre nós mal disfarça a Geografia urbana como uma forma de Geografia política. A urdidura se mostra já no *castrum*, o modelo de cidade que para cá é trazido pelo colonizador português. Se a grande praça arrumada ao redor da igreja sugere a similaridade, a irregularidade do sítio fala de um real que pouco ou nada se repete: o duplo *horst-grabben* de Salvador, a estreita fímbria de terras do Rio de Janeiro, o espigão cercado de várzeas de São Paulo, o anfiteatro alveolar de Belo Horizonte, o chapadão radiocêntrico de Goiânia, o esporão de colinas e morros de Porto Alegre disso são exemplos. Todavia, o sítio não é um recorte de espaço de tamanho, detalhes e paisagem fixos e permanentes. Ele evolui junto ao real assentado. O sítio da baixada fluminense é inteiramente modificado pelas obras de drenagem, o da cidade do Rio de Janeiro por túneis, aterros e elevados, o da região cacaueira pela expansão da influência do eixo Jequié-Itabuna-Ilhéus, o da Baixa Mogiana pela integração de suas partes morfológicas, o de Salvador pela engenharia de integração das partes alta-baixa, o de São Paulo pela soma da diversidade das pequenas unidades morfológicas postas para além do espigão central.

A posição remete à escala das interações espaciais mais amplas. Isso à mercê do valor relacional que assume ou lhe é dado no âmbito da circulação. A posição da baixada fluminense vem do seu vínculo com o porto exportador do Rio de Janeiro e da sua localização intermediária entre a cidade e o interior posto para além da barreira montanhosa da Serra do Mar. A posição da região cacaueira relaciona-se à localização do eixo Itabuna-Ilhéus como escoadouro e de Jequié como centro do interior, esses dois polos integrando-a por dentro e a Salvador por fora. A posição dos rios do açúcar se deve à sua situação circundante a Recife como polo açucareiro da Zona da Mata, repetida em cada usina em face de seu sítio próprio e no xadrez do arranjo de cada bacia, a cidade de Recife centralizando o conjunto. A posição de Salvador deriva da função militar que o *horst* dá à cidade alta, logo transformada em político-administrativa, seguida do reforço da função portuária da cidade baixa, mas, sobretudo, da unificação do centro da cidade com a região de comando, numa relação de cabeça e corpo em que Salvador carreia produtos e foragidos da seca do sertão e em contrapartida fornece serviços e injeta capitais ao seu entorno. A posição de São Paulo vem da força da circulação que a faz extrapolar a polaridade regional para a de centralidade nacional, seja como porta de entrada para o interior, seja de intermediação do contato norte-sul que compartilha e disputa com a cidade do Rio de Janeiro. A posição, por fim, das cidades brasileiras relaciona-se ao sistema de ponto em rede de que cada qual é partícipe, e de onde extrai o papel que cumpre no quadro de relações que as articula como polos de encaixe hierárquico do todo do espaço nacional. Fator dinâmico por seu caráter de determinações do modo do arranjo de conjunto do espaço, a posição é igualmente um dado mutante, recolocando-se, refazendo-se e redefinindo-se enquanto plano de inserção de lugares a cada novo traçado do desenho do todo do tabuleiro das relações de espaço entre cidades, campos e regiões, recriando e assim arrumando a partir do novo posto que assume junto ao desenvolvimento dos meios de circulação o todo dos ordenamentos. E nesse retraçamento de ordens arrasta consigo também o desenho dos sítios, remexendo no quadro global dos assentamentos.

A regionalidade, por fim, é a escala intermediária. O suporte é o arranjo do espaço arrumado à base da posição, secundada pelo sítio. Salvador se arruma no seu arranjo espacial na conformidade do sítio, mas a posição está implícita na sua paisagem urbana carregada da presença das marcas do entorno. A cidade é, através do porto e dos serviços, o centro de comando da vasta região que atravessa o recôncavo e vai do norte, na faixa de interseção da área de influência do Recife, ao sertão, de onde recebe levas de imigrantes atingidos periodicamente pelas secas, e ao sul, onde a função de recepção e distribuição do cacau superpõe e recobre a do eixo Jequié-Itabuna-Ilhéus. Uma relação que traz as marcas da cidade para a região e da região para a cidade através de seu centro. São Paulo arruma seu arranjo de espaço na conformidade da combinação do espigão-mestre e do conjunto de pequenas unidades morfológicas como sítio, avançando radialmente sobre as unidades mais próximas e a seguir sobre as mais distantes na medida em que cresce com a expansão territorial. Partindo do espigão-mestre, de onde tudo sai e para onde tudo converge – aí está a Avenida Paulista – e da função de comando econômico nacional da cidade, o núcleo radial se abre pelas saídas-estradas da cidade para sua relação com as regiões do estado e para as regiões Norte, Oeste, Sul, Sudeste e Nordeste do país, numa condição de metrópole que, por força da indústria, no fim supera a centralidade do Rio de Janeiro.

Essa é uma relação que se repete à saciedade na evolução das cidades brasileiras, o sítio e a posição se referendando mutuamente dentro do arranjo espacial numa interação que se materializa na múltipla regionalização do espaço. É o pensamento geográfico brasileiro reafirmando e ao mesmo tempo recriando o dito teórico mundial de sítio e posição formando em suas interações regionais o epicentro da constituição e movimento dinâmico do espaço. Um entrelace biunívoco no qual sítio e posição se refazem continuamente em sua relação de reciprocidade em que a posição faz o sítio e o sítio faz a posição, o refazer de um incidindo no refazer do outro, cujo efeito é a compartimentação hierárquica da regionalização com base nos marcos dos arranjos. Nesse plano, a posição é o elo intermediário, o elo da organização do espaço para baixo e para cima, em que para baixo refaz, numa retroação sobre a escala local, o traçado do sítio, e para cima refaz-se, numa projeção sobre a escala da totalidade, revendo-se a si mesmo na divisão do todo num múltiplo de regiões.

Segue-se que se o efeito dessa interação sítio-posição é um quadro de paisagens em que as funções urbanas e as interações entre áreas reproduzem o estado e o papel desigual seja dos sítios, seja das posições, o resultado será um todo desigual, que logo será hierarquizado em relações de polaridade pelas relações de troca. É o que a década de 1960 traz como percepção, anunciando a fase marcada pela fragmentação na Geografia brasileira. E a emergência do espaço como eixo estruturante e categoria de análise.

Dois exemplos de transição

Pouco se percebe nessa ideia dinâmica de polaridades, de início, a emergência do espaço como referência de base da Geografia e não mais a relação homem-meio, ao lado da fragmentação, como o marco da nova visão.

O fato é que há um deslocamento do olhar geográfico mundial do plano da relação do homem com o meio para o da relação entre espaços. Um deslocamento que ocorre nos anos 1960. E como paradigma geral.

É o que pode ser visto em duas obras expressivas desse momento: *Estudos de Geografia agrária brasileira*, de Orlando Valverde, e *A terra e o homem no Nordeste*, de Manuel Correia de Andrade. São dois textos em que os autores miram a Geografia como uma ciência do espaço, mas mantêm a relação homem-meio como eixo. Fato significativo é que vêm de dois geógrafos oriundos de duas instituições de Geografia aplicada, em que a adoção da Geografia como ciência espacial se faz no imediato, o Instituto Joaquim Nabuco, do qual vem Manuel Correia de Andrade, e o Instituto Brasileiro de Geografia e Estatística, do qual vem Orlando Valverde.

Estudos de Geografia agrária brasileira é uma coletânea de textos publicados por Orlando Valverde no período de 1950 a 1970 e que o autor reúne em livro em 1984. Do ponto de vista de linha, é um livro que faz uma unidade analítica com *A rodovia Belém-Brasília*, de 1967, e *A organização do espaço na faixa da Transamazônica*, de 1979, livros que indicam, através de Valverde, a visão de Geografia de corte georgiano que se firmará como discurso no pensamento geográfico brasileiro dos anos 1960-1970. Também faz unidade analítica com *Geografia agrária do Brasil*, de 1964, projeto de um manual de Geografia do Brasil previsto em três volumes, o primeiro a ser dedicado ao espaço físico, o segundo aos sistemas de cultivo e o terceiro à organização econômica e regional, dos quais só o primeiro foi publicado. Destacado por uma diferença formal, esse cabedal de obras, mesmo as georgianas dos anos 1960-1970, tem por base a visão geográfica de Waibel, de que Valverde é, no Brasil, o discípulo mais explícito, numa rica combinação do weberianismo à Waibel, com as angulações marxistas com que o autor vê o problema agrário no Brasil.

É assim com *O uso da terra no leste da Paraíba*, de 1954. A descrição da arrumação do espaço em anéis thunianos ao redor de João Pessoa parece sair das páginas do *Capítulos de Geografia tropical e do Brasil*, uma coletânea organizada, prefaciada e publicada por instâncias de Valverde. A *plantation* da cana-de-açúcar e as usinas se aninham ao longo das várzeas do rio Paraíba do Norte, ao lado das áreas de culturas alimentícias feitas nos terrenos arenosos dos tabuleiros e à base de um sistema de rotação primitiva de terras, num anel contínuo e circundante à capital. Segue-o um anel de pecuária extensiva segmentado entre o pasto das encostas e vales e o rebordo dos brejos com sua produção agrícola diversificada de pequenas propriedades e criação de gado à base de um sistema de rotação de terras melhorada. Para além, dividindo espaço com o longo piemonte da Borborema, fecha externamente o arranjo o anel da pecuária mais extensiva ainda, já no rebordo do semiárido. *Geografia econômica e social do babaçu no meio-norte*, é de 1957. O tema é a frente de expansão centrada na cultura do arroz e na extração do babaçu e o conflito da organização primitiva com as necessidades de modernização da indústria e do campesinato posseiro com o avanço da expropriação latifundiária que daí advém, com pano de fundo nas terras aluviais e inundadas das várzeas do rio Parnaíba e dos rios Itapecuru, Mearim, Grajaú e Pindaré, já na guiana maranhense. *A velha imigração italiana e sua influência na agricultura e na economia do Brasil*, de 1958, painelizа a presença da imigração italiana na formação do espaço agrário brasileiro, desde os sistemas de cultivo nas três modalidades analisadas por Waibel, do sul às colônias do Espírito Santo, por ele não investigadas, passando pela experiência conflitiva do regime do colonato da marcha cafeeira em São Paulo, investigada por Monbeig. *A fazenda de café escravocrata no Brasil*, um texto na linha de Monbeig, de 1965, aprofunda e revê os estudos do arranjo do espaço da velha fazenda escravocrata em terras do café do Rio de Janeiro e São Paulo. O ponto de referência é a relação da casa senhorial com o quadro da paisagem do espaço cafeeiro: a casa no topo do terraço ou em meio à encosta, à beira, mas protegida das cheias do rio, a encosta coberta pelo cafezal alojado em fileiras nas linhas de declive, em solos de regolito do cristalino decomposto, aqui e ali pastos de entremeio e as reservas de mata no topo, num todo de paisagem que se confunde com o olhar do senhor. *Geografia da pecuária no Brasil*, por fim, é um painel da forma clássica de ocupação das áreas de vegetação aberta (caatinga, cerrados e campos) do interior pela pecuária em contraste com as áreas de lavoura de matas. Valverde aqui flagra os entrecruzamentos que desde os anos 1950 vão se dando, com a pecuária entrando em áreas de mata devastada e a lavoura em áreas de vegetação aberta, via técnicas de criação e cultivo melhoradas, como Waibel previa nos estudos das colônias russas e pomeranas das áreas campestres do sul. Mas sem os efeitos que vê Valverde.

A terra e o homem do Nordeste, livro de Andrade de 1963, que faz par com *Paisagens e problemas do Brasil*, de 1968, é um painel das relações homem-meio visto pela ótica dos arranjos e modos de uso da terra nas quatro sub-regiões: a Zona da Mata e Litoral Oriental, o agreste, o sertão e litoral setentrional e o meio-norte. Os sítios de assentamento dão lugar aqui às relações de propriedade e trabalho da terra como base de análise, bem como o modo de correlações e relações recíprocas que se estabelecem em cada uma e entre as sub-regiões, onde, sob forma própria, as relações de trabalho assentam e recriam por recobrimento os termos físico-naturais dos sítios: a Zona da Mata e litoral oriental, região de umidade permanente e elevada, é o domínio da *plantation* da cana-de-açúcar, secundada do fumo e do cacau, a cana ocupando em grandes propriedades as várzeas e o fumo em pequenas e o cacau em médias os tabuleiros; o agreste, região do piemonte e do topo dissecados da Borborema, mais seca e com alternagem de caatinga e mata, é o domínio da propriedade média e familiar respectivamente da agropecuária nas áreas semiúmidas dos vales rebaixados e da policultura nos brejos úmidos e mais povoados; o Sertão, região de planalto e clima semiárido é o domínio da grande propriedade de pecuária extensiva consorciada ao algodão, alojada no vasto pediplano de solos pedregosos e de vegetação da caatinga e das ilhas de pequena propriedade e policultura incrustradas nas serras úmidas; o meio-norte, por fim, é o domínio da grande propriedade de pecuária extensiva consorciada ao extrativismo do babaçu e da carnaúba às voltas com a qual relaciona-se em permanente conflito um campesinato posseiro que com ela disputa as terras das várzeas fluviais.

Essas relações de propriedade e trabalho fazem a determinação de uma relação homem-meio organizada em todos os cantos pela mediação das plantas e animais arrumada num arranjo espacial definido sazonalmente pelo calendário agrícola. Assim é com a geografia da cana-de-açúcar na Zona da Mata. A cana e a usina ocupam as várzeas e a pecuária e atividades de subsistência o topo plano dos tabuleiros. A usina é o ponto de referência do arranjo do espaço. Apoiada no controle monopolista da terra e da ferrovia, a usina lança seu domínios indiferentemente aos tipos de sítio, recobrindo-os pela mesma paisagem da monocultura canavieira, o canavial sobrepondo a infinidade de sítios e microssítios enquistados nos vales fluviais na indiferença da sua fisionomia única. Aqui o latifúndio monocultor é a regra que ordena o homem em sua relação com o meio. No agreste, ao contrário, a ordem de arrumação espacial da relação do homem com o meio vem da pequena propriedade, com seu sistema de policultura diferenciando-se por vales fluviais e sítios numa riqueza de paisagens que se transporta para a policromia das feiras e mercados das cidades. No sertão volta a monotonia da paisagem, agora em sua versão da relação latifúndio-gado, uma paisagem de ocupação monista só aqui e ali quebrada pelo consorciamento do algodão ou pelas ilhas de policultura das serras úmidas. No meio-norte, por fim, o relevo de *cuesta* e o baixo planalto que rodeiam o amplo anfiteatro das várzeas dão o visual das enormes extensões de palmeiras entremeadas de pastos e o cultivo do arroz nos trechos alagados.

Monbeig e Waibel se alternam e se integram nessas análises a um só tempo integradas e setorializadas de Valverde e Andrade, permeadas da presença inefável de Caio Prado Jr.; Valverde tece o diálogo de Prado Jr. e Waibel, que Andrade repete, mas para fazê-lo com Monbeig. Se as relações sociais de propriedade e trabalho suprimem e substituem a principalidade da relação dos sítios e posições na montagem dos arranjos do espaço, a relação do homem e do meio entretanto flui como pano de fundo por conta da determinação das plantas e animais. Daí a sensação de repetição dos estudos de Waibel em Valverde. Puro engano. E de semelhança do roteiro do *Pioneiros* de Monbeig, em Andrade. Acresce que se o viés integrado dos clássicos parece mais forte em Valverde, por sua ligação com o conceito mais vegetacional de Waibel, é porque é sobretudo o olhar duplo de historiador e geógrafo que dele separa Andrade – autor do clássico *A Guerra dos Cabanos*, de 1965 –, de resto um enfoque que a ambos orienta em seu olhar georgiano sobre o espaço. Mas que se em ambos o olhar vem de George, vem antes da *Formação do Brasil contemporâneo. Colônia*, de 1940, de Prado Jr., geógrafo também da primeira fornada, que no tempo se faz apenas historiador.

A Geografia fragmentária brasileira

Não tarda, entretanto, a que a tendência do desmembramento por fim prevaleça sobre a tradição seminal da integralidade. Apresentada enfaticamente pelos congressistas da UGI. E, acelerada pelas transformações mundiais dos anos 1950, de que a rápida expansão mundial dos meios de circulação e a polaridade espacial da cidade daí decorrente é o aspecto visível, a fragmentação chega aos anos 1960.

Dois tipos de publicação contêm o embrião dessa nova fase, numa espécie de relação antecipada do velho e do novo: os *Livros-guia* do Congresso da UGI e as séries *Grandes Regiões* e *Atlas do Brasil*, todos do IBGE. A estrutura dos *Livros-guia* espelha a ambiguidade de integração-setorialização que vai ser característica da Geografia brasileira. Ambiguidade que já não se percebe na estrutura dos volumes da série *Grandes Regiões* e *Atlas do Brasil*. Os *Livros-guia* são textos de lavra da intelectualidade acadêmica, uma *intelligentsia* caracterizada pelo perfil de pensadores e aplicadores de grandes teorias. Já as séries de *Grandes Regiões* e *Atlas do Brasil* são o produto de uma intelectualidade de pesquisadores, *intelligentsia* de uma instituição de Geografia aplicada, envolvida com a teoria, mas principalmente com seu *ethos* de profissional especialista. Talvez resida aí a diferença. Seja como for, são todos eles livros de publicação do IBGE, a um só tempo uma instituição de Geografia aplicada e um instituto de pesquisas. Os *Livros-guia* são um conjunto heterogêneo de textos e autores. Já as séries *Grandes Regiões* e *Atlas do Brasil* são um conjunto mais harmônico e homogêneo de textos.

Os *Livros-guia* reúnem um conjunto de nove livros. Não há um padrão único. Em geral, os autores trazem para o livro o arranjo do espaço real que analisam. *Amazonas*, Guia n. 8, de Lúcio de Castro Soares, tem a estrutura que vai se caracterizar como modelo de monografia em breve, com o quadro físico, o efetivo humano e a economia subdesenvolvida dividindo o livro em três partes. A conexão rio-mata-extrativismo aparece como o eixo estruturante do todo regional, o contraste várzea-terra firme dominando as descrições da distribuição e circulação dos homens e atividades. *Paisagens do Nordeste em Pernambuco e Paraíba*, Guia n. 7, de Mario Lacerda de Melo, reproduz como estrutura do texto a estrutura de espaço regional polarizado no Recife, com a descrição da cidade e seu efeito regional abrindo o livro, e os capítulos seguintes detalhando o arranjo do espaço do entorno, do arco canavieiro mais interno e úmido da Zona da Mata ao mais externo seco e pastoril do sertão, com o elo agrestino e seus brejos no ponto do meio. *Bahia*, Guia n. 6, de Alfredo Porto Domingues e Elza Coelho de Souza Keller, cabeça da região Leste da divisão oficial de 1941, segue o esquema da relação de correspondência estrutural do espaço real e do texto, indo, porém, no sentido do entorno e suas sub-regionalidades para o centro de polaridade de Salvador. *A marcha do café e as frentes pioneiras*, Guia n. 3, de Ary França, reitera o modelo estrutural de texto e tratamento do *Pioneiros*, de Monbeig, mestre do autor, mas reproduzindo como texto o clássico movimento em ondas da marcha cafeeira do *Roteiro do café*, de Sérgio Milliet. *Planalto Centro-Ocidental e Pantanal mato-grossense*, Guia n. 1, de Fernando F. M. de Almeida e Miguel Alves Lima, retoma a estrutura clássica, mas para enfatizar o quadro físico, campo de trabalho dos autores, Almeida, geólogo, respondendo pelo capítulo da Geomorfologia, e Lima, geógrafo, pelos capítulos do clima, da vegetação e dos solos, a que o livro praticamente se resume. *Zona metalúrgica de Minas Gerais e vale do Rio Doce*, Guia n. 2, de Ney Strauch, opta por transportar a estrutura em regiões naturais do planalto mineiro como forma de clarificar o significado da indústria como centro econômico de referência do entorno de Belo Horizonte, uma região arqueano-algonquiana e rica em minério de ferro. *Vale do Paraíba, serra da Mantiqueira e arredores de São Paulo*, Guia n. 4, de Aziz Ab'Sáber e Nilo Bernardes, estrutura-se no propósito de mostrar no encaixe do sítio das cidades um compartimento em meio a outros no quadro geral e diferenciado do planalto do Sudeste, Ab'Sáber respondendo pela parte física e Bernardes pela parte humana, ambos juntando-se no trato do fundamento do arranjo urbano das cidades e dos pontos de apoio da posição geográfica que as tornam um polo multidirecionado. *Planalto Meridional do Brasil*, Guia n. 9, por fim, de Orlando Valverde, retoma a estrutura monográfica clássica e os quadros de sobreposição físico-humana que tornam o planalto sub-regionalmente diferenciado e com a polaridade múltipla que as cidades de colonização europeia dividem com Porto Alegre.

Inteiramente distinto é o formato da série *Geografia do Brasil – Grandes Regiões*. A primeira de uma sequência de três versões é de 1959. São cinco livros divididos em seis volumes, seguindo a divisão regional oficial de 1941: Norte, Centro-Oeste, meio-norte e Nordeste, Sul (em dois volumes) e Leste. Todos os volumes são estruturados num mesmo padrão, que será o modelo das versões seguintes, dividindo-se a feitura do livro em capítulos conforme os campos de especialidade dos autores. São todos geógrafos do IBGE. E a estrutura-padrão dos livros reproduz a própria estrutura fragmentária em que funcionalmente já se divide a instituição internamente. O capítulo do relevo abre e o capítulo da circulação fecha cada livro e cada estudo de região, invariavelmente. Nenhum esforço de integração é feito. Menos ainda de clarificar a razão da ordem sequencial. Porque que se segue esta estrutura, não outra, ou porventura que outra (ou outras) alternativa haveria de estrutura. A segunda versão data de 1977, também em cinco volumes, mas com a divisão regional de 1967: Norte, Nordeste, Sudeste, Sul e Centro-Oeste. E a esta se segue a terceira, de 1988, com a mesma divisão anterior, mas de que só saíram os volumes do Centro-Oeste, Sul e do Norte. A versão de 1977 desloca o fechamento para o capítulo do sistema urbano. E a de 1988 volta ao da circulação. A equipe dessas versões é praticamente a mesma. A mesma a estrutura. A mesma a ausência de esforço de integração. E a mesma a impressão de ser uma obra feita para atender o papel de informar e subsidiar o grande público de dados estatísticos e cartográficos atualizados do IBGE.

A série *Atlas do Brasil* segue o mesmo modelo de estrutura e organização em árvore da série *Grandes Regiões*. A primeira versão data de 1960, oferecendo uma primeira parte das regiões oficiais de 1941 e uma segunda de visão sistemática do país. A segunda, retificada para *Atlas Nacional do Brasil* e editada em tamanho grande, data de 1966. A terceira só seria publicada no ano 2000. Entre uma versão e outra há variações que não se conhece para a série *Grandes Regiões*, embora também sem grande significado e explicações. A versão de 1960 é um livro em estilo *Bíblia*, em que longos capítulos de texto são reforçados com mapas e fotos ilustrativos do conteúdo. A de 1966 é um livro em formato grande, no qual mapa e texto se sucedem folha a folha, o mapa na frente e o texto a ele referente no verso da folha, como num grande acervo visual explicado, o tamanho e o coletivo dos mapas dando um feitio mais próximo de um verdadeiro atlas à publicação. A sequência abre com o capítulo do Brasil político e fecha com o de melhoramentos urbanos. O plano original previa dois volumes de conteúdos distintos, com um segundo volume da divisão do Brasil nas grandes regiões de 1941, não publicado. A terceira mantém o formato e estilo mapa-texto da segunda, mas arrumando a estrutura capitular das versões anteriores e da série *Grandes Regiões* de um outro modo em que os capítulos da Geografia física são unificados na chancela de questão e problemas ambientais e os de Geografia humana ganham um sentido mais político-social. O formato também lembra o da "*Bíblia*", com uma pequena inversão de sinais: os capítulos são agrupados em campos de temas, com um curto texto antecedendo e comentando uma série de mapas do assunto apresentada a seguir. Varia também a equipe. A primeira e a segunda versões são escritas pelos mesmos autores das versões anteriores e da série *Grandes Regiões*, geógrafos do IBGE. A terceira alterna alguns desses autores com convidados de fora.

Simultaneamente, nos anos 1960 os capítulos como que saem dos *Livros-guia*, da *Grandes Regiões* e do *Atlas Nacional* para ganhar a independência, cada qual virando uma Geografia setorial e seus detentores, portadores de métodos e *corpus* teórico próprios, especialistas. Uma consulta aleatória dos números da *Revista Brasileira de Geografia* e do *Boletim Geográfico*, por áreas setoriais, nos dá uma ideia do seu alcance. *Processos de alteração dos sedimentos e das rochas. Laterização*, de Antonio Teixeira Guerra, de 1951, é um exemplo da Geomorfologia destacada como setor autonomizado, antecedente aos próprios anos 1960. Trata-se de um texto de natureza sistemática, orientado pela influência de Ruellan, particularmente seu conceito de erosão elementar, que Ruellan prefere a meteorização, como é próprio da maioria dos textos de Guerra, reunidos no livro *Cotelânea de textos geográficos de Antonio Teixeira Guerra*, em 1994. Ocupa-o nesse texto com a exploração do tema, para ele pouco considerado, da lacuna existente em várias partes do espaço brasileiro entre o solo e o horizonte C, seus envolvimentos diagenéticos, metassomáticos e de meteorização, com particular remissão para o processo de formação da laterita. O método é centrado nos processos geoquímicos, de que os processos geomorfológicos fazem parte e dependem. *Considerações geomorfológicas sobre o Médio Amazonas*, de Maria Regina Mousinho Meiss, de 1968, é um outro exemplo. Trata-se aqui de um texto que vem na linha de De Martonne, Ruellan e Tricart. É um trabalho de investigação da Geomorfologia do médio rio Amazonas em vista de evidenciar elementos que elucidem a problemática da temporalidade das formas de relevo regional, apresentada na literatura brasileira como uma dúvida entre a determinação do quadro morfoestrutural do presente, defendida por alguns estudiosos, ou do passado que se insinua no presente como paleoformas. Meiss se posiciona pela segunda teoria, referendando-a junto a Ab'Sáber e Bigarrella, corroborando-a com detalhes de campo. O método em tudo se aproxima do usado por Ruellan na evidenciação dos vínculos dos processos e formas em suas diferentes escalas com o quadro macro dos dobramentos de fundo, Meiss indo tal como ele à estratigrafia e às linhas de direção dos movimentos erosivos e deposicionais para daí arrancar a demonstração das condições morfogenéticas e morfoclimáticas que, remontando às compartimentações e estruturas espaciais do período das glaciações quaternárias, confirmam a teoria. Chama-lhe a atenção a descontinuidade das camadas de laterita, os hiatos existentes entre trechos das camadas interiores do terreno, numa evidência das flutuações climáticas e o efeito erosivo de regimes torrenciais em ambientes climáticos mais secos e de cobertura vegetacional rala que ocorreram em todo o trecho médio do Amazonas.

Circulação atmosférica do Brasil, de Edmon Nimer, de 1966, é um exemplo de autonomização da Climatologia. Nimer expõe o conceito genético do clima, próprio da Climatologia dinâmica, que concebe o clima como um fenômeno determinado pela movimentação atmosférica da circulação normal (massas de ar) e da circulação secundária (frentes). É um texto também sistemático, mas que vale como uma introdução à sequência de estudos dos climas das regiões brasileiras, que em 1979 serão reunidos em livro na coletânea *Climatologia do Brasil*. O detalhamento da movimentação e fragmentação da atmosfera terrestre em massas de ar e a interseção destas em frentes sobre o território brasileiro é, assim, aprofundado sub-regionalmente nestes outros textos, seguindo e dando continuidade aos trabalhos de Meteorologia de Adalberto Serra. Faz, assim, nítido contraponto à concepção de Climatologia inspirada em Köppen introduzida por Lysia Maria Cavalcanti Bernardes em textos como *Clima do Brasil* e *Os tipos de clima do Brasil*, ambos de 1951, em que Bernardes resume e divulga seus estudos do quadro climático brasileiro. São textos, os de Bernardes, que reiteram os estudos clássicos que analisam e quantificam o estado atmosférico da temperatura das precipitações, suas variações e distribuições territoriais e os fatores da superfície terrestre que as determinam, extraindo dos números e dos entrecruzamentos numéricos dos regimes térmicos e pluviométricos as inferências taxonômicas, por supor que nas médias estão os padrões de regularidade climática. Surge assim a divisão do Brasil em climas quentes e úmidos (tipo A), semiárido quente (tipo BSh) e mesotérmico (tipo C), hegemônica no Brasil até os anos 1950, e ainda hoje utilizados, quando entra em cena a influência crescente de Serra que Nimer representa. *Regiões bioclimáticas do Brasil*, de Marília Velloso Galvão, de 1967, é um outro contraponto. Trata-se da presença ainda de Köppen na Geografia brasileira, mas orientada para a centralidade nos seres vivos, na vegetação principalmente, não explorada por Bernardes e criticada por Nimer na rejeição global à visão não genética de clima köppeniana. A referência não é aqui o número de dias chuvosos e o seu índice volumétrico, mas o de seca, o índice xerotérmico bioclimaticamente definido como número de dias biologicamente secos. O comportamento da vegetação basifica aqui os conceitos e a taxonomia (clima hemierêmico, xerotérico, xeroquimênico, bixérico, termaxérico e mesoxérico). E o valor climático se mede por sua prestabilidade biogeográfica. Vai nessa linha o *Estudo preliminar das possibilidades agrícolas da região de Presidente Prudente, segundo o balanço hídrico de Thornthwaite (1949-1955)*, de José Roberto Tarifa, de 1970. Tem-se uma combinação de Climatologia agora com a Geografia agrária, em que elementos da Climatologia dinâmica e padrões de taxionomia bioclimática interagem para o fim de calcular o quadro de índices hídricos correspondentes a um determinado elenco de cultivos, tendo como base o balanço de recepção-perda de água, a recepção das chuvas e a perda da evapotranspiração, do solo. Cada índice é comparado com as características de demandas desse elenco de plantas, resultando num mapa de possibilidades de uso da terra numa situação muito próxima da teoria geográfica de Waibel.

Vegetação campestre do Planalto Meridional do Brasil, de Edgar Kuhlmann, de 1952, exemplifica o caso da Biogeografia, um setor desde o começo subalternizado, no Brasil e no mundo, a ele De Martonne dedicando o segundo volume do *Tratado de Geografia física*, como um tema à parte. Kuhlmann segue aqui a influência de Waibel, acrescentando, como ocorre com Serra para a Climatologia, a presença determinante dos estudiosos da vegetação brasileira, com quem Waibel dialoga permanentemente, como Hermann Von Ihering, A. J. Sampaio, Alberto Loefgren, F. Rawischer, e que o levam ao caminho não da Geografia agrária, como ocorre com os demais discípulos de Waibel, Orlando Valverde, Nilo Bernardes e Walter Egler, mas da Biogeografia. Por esse motivo, é um estudo que foge do enfoque waibeliano de ver o solo e sua vocação de uso vendo a vegetação, analisando a vegetação campestre do Sul por um prisma puramente biogeográfico. A vegetação como formação botânica e especialidade, eis seu foco e enfoque, que retoma seguidamente em outros textos, agora sob a crescente influência de Pierre Dansereau, com passagem pelo Brasil em 1946, de que a *Introdução à Biogeografia*, um texto sistemático de 1949, é um registro, que Kuhlmann retoma com o *Curso de Biogeografia*, de 1973, e cuja linha desenvolve em O *domínio da caatinga*, de 1974, mostrando seu deslocamento da Geografia da paisagem de Waibel para a perspectiva ecológica do botânico canadense. Todavia, como se seguindo um caminho em círculo, Kuhlmann desloca-se do enfoque pedológico de Waibel para o florístico da botânica tradicional mas para desembocar mais à frente na perspectiva corológica da areografia, essencialmente focada na e como unidade de paisagem. No que segue a própria trajetória da Biogeografia no Brasil, como se vê em *A situação atual da Biogeografia*, de Alceo Magnanini, de 1952, ao mostrar sua relação de orientação na Bioclimatologia, como a havia balizado como discurso geográfico o clássico de Emannuel De Martonne, talvez a real referência de Kuhlmann.

A zona pioneira ao norte do rio Doce, de Walter Alberto Egler, de 1951, é um típico texto de Geografia na linha waibeliana, puxada claramente para a Geografia agrária pela formação agronômica de seu autor, escrito junto a outros que depois são reunidos no livro *Coletânea de trabalhos de Walter Alberto Egler*, de 1992. Há nele um claro sentido ainda de integração, explicado no fato de a Geografia agrária constituir-se como um ramo setorial sem se desfazer de imediato dos laços da relação agrária com o quadro da natureza, seja pela influência de Waibel e de Monbeig, seja pelo nítido papel ambiental das plantas e animais que vimos nos textos de transição de Valverde e Andrade. Trata-se da análise de uma área historicamente de frente pioneira, cuja expansão é conduzida por colônias de imigrantes, principalmente italianos, junto à exploração madeireira vindo do sul para o norte do Espírito Santo, num processo de rápida destruição da mata pela exploração da madeira e dos solos pela itinerância da lavoura e que encontra no rio Doce seu momentâneo obstáculo e se reproduz mais rapidamente ainda ao norte do rio. O resultado é uma paisagem agrária de café, cacau e gado marcada por alto grau de esgotamento do meio, num estudo que antecipa o tema. *O cariri cearense*, de Haidine da Silva Barros, de 1964, segue a mesma linha de referência setorial. Aqui o quadro agrário relaciona-se a uma ilha de umidade enquistada nas encostas da chapada do Araripe, dentro do sertão nordestino, dado seu caráter de interface de uma camada residual de sedimentos apoiada num embasamento cristalino e que, por isso, provê a ilha de água de modo permanente. Olhos d'água descem das encostas da chapada regularmente, alimentando uma atividade agrícola intensa. Contrastam, assim, a utilização da terra no topo e na encosta, o gado ocupando o topo, só aqui e ali interrompido pelo cultivo de mandioca, do abacaxi e do agave, e a lavoura as encostas, a cana no fundo dos vales e o algodão consorciado a cereais tropicais (milho e feijão) nos interflúvios, desde as partes altas, os "brejos", até o pé da chapada. Bem como a ocupação humana, aqui o contraste vindo da presença da vida urbana (Crato, Barbalha e Juazeiro do Norte) que se desenvolve entre as ocupações agrícolas dos "brejos" e dos pés da chapada. *O problema do estudo do habitat rural no Brasil*, de Nilo Bernardes, de 1963, faz um contraponto dentro da mesma referência. O Brasil é um país de *habitat* disperso, em decorrência do papel da grande propriedade no povoamento. Centralizando a localização e dominando a expansão das áreas de ocupação, formou pequenas células de povoamento em meio a extensas áreas de vazio. E, assim, definindo a forma de paisagem predominante em praticamente todo o país. A perspectiva do olhar de Bernardes é tipicamente waibeliana, que repete em *Bases geográficas do povoamento do estado do Rio Grande do Sul*, de 1962, mas lembrando também Deffontaines, uma influência nítida no seu *Notas sobre a ocupação humana da montanha no Distrito Federal*, de 1959. *Regiões agrícolas do estado do Paraná: uma definição estatística*, de Olindina Vianna Mesquita e Solange Tietzmann Silva, de 1970, é o contraponto por oposição ao próprio modelo de Geografia agrária semi-integrado que se vinha mantendo. O quadro físico desaparece, embora o sentido do recorte regional permaneça, a metodologia centrando-se numa plotagem estatística de base municipal, em vista da formação de um mapa nacional realizado através da sucessão de quadros regionais que as autoras efetuarão nos anos subsequentes. Serve-lhes de base o texto normativo *Proposição metodológica para estudo de desenvolvimento rural no Brasil*, que redigem em 1976, assentado no uso das categorias do Censo Agrícola, do IBGE, e outros órgãos censitários. O que leva a Geografia agrária mais plena a simplificar-se numa Geografia agrícola, aqui se diferenciando do formato clássico mantido por Valverde e Andrade e que vemos ainda em Egler e Barros, aparecendo com um plano de generalidade em Bernardes, de certo modo antecedendo a era da pura e simples quantificação, sem com ela entretanto confundir-se, e antecipando os rumos mais sociológicos que a Geografia agrária brasileira vai adquirir após a *débâcle* da "new Geography".

Fisionomia e estrutura do Rio de Janeiro, de Maria Therezinha de Segadas Soares, de 1965, é um dos textos de origem da Geografia urbana como ramo setorial na Geografia brasileira. Embora se possa dizer que a Geografia urbana venha com os fundadores – são inúmeros os trabalhos sobre cidade em Deffontaines e Monbeig – Soares vai buscar suas referências bibliográficas em George, *La ville*, de 1952, e *Précis de géographie urbaine*, de 1963, principalmente, e em Tricart, no *Cours de géographie humaine, fac. II – L'habitat urbain*, de 1954. Como se num desdobramento e atualização do Rio de Janeiro do *Geografia humana do Brasil*, de Deffontaines, Soares flagra a cidade cortada pela diferenciação e fragmentação, a diferenciação das zonas e feições urbanas que é próprio de uma cidade e a fragmentação interposta pelo sítio. Avançando rumo à baixada fluminense com eixo na linha de trem e às praias do litoral sul pela linha de bondes, a cidade foi-se diferenciando, vindo a assim distinguir-se o centro, com sua área de obsolescência, e o seu entorno dividido em bairros e subúrbios. Avançando ao mesmo tempo pelo rebordo e vales do maciço da Tijuca, foi-se fragmentando num número crescente de subcentros, espalhados pelos bairros e subúrbios, com os quais o centro foi dividindo suas funções comerciais. Surge, assim, a cidade-metrópole com sua estrutura e fisionomia característica, caótica e ao mesmo tempo integrada, múltipla e unitária. *Expansão do espaço urbano no Rio de Janeiro*, de Lysia Maria Cavalcanti Bernardes, de 1961, faz par com o texto de Soares. O enfoque é o mesmo, estrutural e fisionômico. É o mesmo o viés cartográfico das diferenciações e fragmentações. E George e Tricart são igualmente a referência. Mas é distinto o foco. A cidade é vista tal como Soares em seu movimento de formação e expansão, mas em Bernardes para realçar o papel diretor dos eixos de circulação. As ruas, mais que as quadras. Os eixos de escoamento, mais que os aterros. As linhas do deslocamento, mais que as montanhas. Os vetores da expansão metropolitana, mais que as obras de drenagem e a especulação imobiliária. Tais são os focos do olhar. O fato da circulação, eis o que define e determina a estrutura e a fisionomia da cidade. *Os estudos de redes urbanas no Brasil*, de Roberto Lobato Corrêa, de 1967, é um texto de balizamento de mudanças dentro da Geografia urbana, expressando o deslocamento de enfoque da cidade que na virada dos anos 1960-1970 se dá do plano da estrutura interna para o das relações externas, a cidade passando a ser vista junto à tríade da indústria, região e circulação, numa mudança de foco e de enfoque que coincide com a passagem da visão isolada para a espacial mais ampla, embora ainda fragmentária da Geografia setorial. A referência é aqui Michel Rochefort. E a teoria dos polos de crescimento que este retira de François Perroux. Vista como elo de referência de uma circulação organizada em rede de hierarquia de que extrai seja sua estrutura interna, seja suas relações externas, a cidade passa a ser definida como um fenômeno de características próprias. E a Geografia urbana como um ramo que dela cuida como tema de especialidade. Assim, dá-se com ela a mesma desconexão com o substrato físico que está se dando com a Geografia agrária. Uma e outra asseverando-se como ramos setoriais especializados. O texto visa organizar essa passagem em nível sistemático. Para isso, Corrêa faz um repasse de todo o trajeto da Geografia urbana, num propósito de resgate do estudo de rede nela então oculto. Um exercício que se explicita na longa bibliografia que arrola. E que em termos teórico-práticos se explicita em obras que vão além. *Contribuição ao estudo das áreas de influência de Aracaju*, de 1965, e *Contribuição ao estudo do papel dirigente das metrópoles brasileiras*, de 1968, são textos em que Corrêa materializa essa linha, o primeiro de ordem empírica e o segundo sistemática de Brasil, o primeiro antecipando o dilema da polaridade metropolitana numa região problema, o Nordeste, o segundo ressaltando o papel gestor da cidade num quadro nacional a caminho da integração do seu espaço. Se no primeiro texto o peso do enfoque regional leva a uma assemelhação metodológica com o enfoque clássico, no segundo, devotado à descrição do mapeamento nacional das polaridades, é o enfoque do olhar setorial que voga. *Formas de projeção espacial das cidades na área de influência de Fortaleza*, de Fanny Davidovich, de 1971, é uma variação dessa linha. Presente fortemente nos trabalhos de Geografia urbana do IBGE e na linha de interseção que tem esta com a Geografia industrial, é de Davidovich o texto *Aspectos do fato urbano no Brasil*, de 1961, que divide com Pedro Pinchas Geiger, no qual resume e antecipa, numa nova ordem de arrumação, o *Evolução da rede urbana brasileira*, de Geiger, só publicado em 1963, e uma das signatárias, junto a Geiger e Corrêa, de *Estudos básicos para a definição de polos de desenvolvimento no Brasil*, de 1967, em que a nova linha de Geografia urbana ganha a forma sistemática teórico-metodológica necessária. Curiosamente, todavia, mais que um estudo de polaridade regional, ao tratar da polaridade de Fortaleza, Davidovich descreve uma rede de relações urbanas passadas no interior da área metropolitana. Não é, pois, um estudo de Fortaleza e sua região. Mas de um complexo de fluxos, permanências e polaridades envolvendo um conjunto de cidades mais movidas por sua própria autocriatividade que por polarização e mando externo, antecipando uma visão crítica das teorias de periferia que vai aflorar no correr dos anos 1970.

Estudo geográfico das indústrias de Blumenau, de Armen Mamigonian, de 1965, é um dos primeiros textos da Geografia industrial como ramo setorial na Geografia brasileira. Tal como Soares, Mamigonian inova na bibliografia, indo buscar referências nas teorias de indústria de inspiração marxista, George em particular. O caráter local dos capitais e do mercado é o traço distintivo da estrutura e do perfil industrial de Blumenau que detecta. Caracteriza-a a singularidade da relação indústria-agricultura que vai ensejar o surgimento de uma acumulação local, que a iniciativa industrial irá combinar com a importação de técnica, matérias-primas semielaboradas e maquinário nas praças da Alemanha, de onde a colônia de Blumenau extrai suas origens. É isto que vai permitir-lhe reorientar sua pauta de produção e mercado internamente no país quando da aceleração industrial dos anos 1950, extraindo dessa relação a condição de um dos principais centros industriais do país, ao lado das indústrias de maior força que se instalam no Sudeste. *Estudos para a Geografia da indústria no Brasil Sudeste*, do Grupo de Geografia da Indústria (GGI), do IBGE, coordenado por Pedro Pinchas Geiger, de 1963, é um contraponto de perfil teórico e de escala. É um texto mais descritivo, ao mesmo tempo que de enfoque mais espacial. Mais enquadrado na metodologia dos arranjos espaciais, que nas estruturas relacionais da formação do capital. Intercomplementares desse ponto de vista, se olhado pelo processo do modelo de Geografia industrial em formação no âmbito do pensamento geográfico brasileiro, explicitam na junção do espaço e do capital os aspectos múltiplos e distintivos do processo industrial que está em curso no país: a especificidade com que a indústria e os capitais industriais surgem nos centros mais afastados, como Blumenau, contrasta com a natureza da concentração que vai se dando no Sudeste. Aqui se ressalta o deslocamento estrutural que vai se dando nas formas do arranjo do espaço no país com a marcha da industrialização dos anos 1950. Enquanto perdura como dominante o perfil industrial de ramos de bens de consumo não duráveis, a indústria é um fenômeno ainda territorialmente disperso. O deslocamento para o perfil industrial de base e do ramo de bens duráveis, privilegiando São Paulo como área principal de localização, se acompanha do deslocamento progressivo também do parque industrial brasileiro para o Sudeste, a distribuição dispersa se dissolvendo em benefício da concentração geográfica. A concentração industrial se refere justamente a essa mudança de perfil e o correspondente esvaziamento do arranjo industrial disperso de até os anos 1950.

O porto de Paranaguá, de José Cezar de Magalhães, de 1964, é um texto de um ramo de Geografia setorial que pouco frutificou como tal. Paradoxalmente, se considerarmos a ênfase dada ao tema no período de formação da Geografia brasileira. São vários os textos de Deffontaines dedicados ao tema dos caminhos e feiras de gado no Brasil. E a *Revista Brasileira de Geografia* ocupa seus primeiros números com a publicação dos textos de Moacir F. Silva sobre os transportes no Brasil, depois reunidos em livro. Indo nessa direção, mais que um perfil portuário, Magalhães flagra a área de influência e todo o sistema de circulação, incluindo o ferroviário, que o porto de Paranaguá envolve em sua relação com a hinterlândia do sul-sudeste brasileiro, e vice-versa, mostrando o reflexo da influência deste sobre a organização espacial da hinterlândia e o efeito da estrutura e movimentos desta sobre a estrutura da cidade e do porto de Paranaguá. *O sistema viário da aglomeração paulistana – apreciação geográfica da situação atual*, de Juergen Richard Langenbuch, de 1971, é uma contrapartida de ângulo de análise. O tema é a circulação interna da metrópole de São Paulo, que o autor analisa longamente em livro de mesmo ano, A *estruturação da Grande São Paulo – estudo de Geografia urbana*, em que sítio e circulação se casam reciprocamente, num produto final que é o modo de organização do espaço urbano da cidade.

AS OBRAS, AS BUSCAS DE UMA TEORIA GERAL

Uma espécie de colapso acompanha o ciclo fragmentário que se abre no mundo desde os anos 1940. E que logo se vê atropelado pela onda de renovações que varre a Geografia dos grandes centros e com alguma demora chega ao Brasil. Pode-se ver os ecos da Geografia ativa nos textos de Valverde e Andrade. E da "new Geography" na Geografia setorial dos anos 1970. É quando eclode a segunda onda de renovação, dessa vez simultânea no mundo e no Brasil.

Há um certo clamor por uma visão geral e mais integrada de Geografia nessas duas ondas. E que se expressa em dois sinais. De um lado, a ideia de integração que Lacoste vai designar projeto unitário. De outro, a ideia de um nexo aglutinador do todo unitário que seja na Geografia ativa, seja na "new Geography", seja nas correntes dos anos 1970 converge epistemicamente para a categoria do espaço.

No Brasil, esse é um tema que vem combinado a outro, mais nacional e mais histórico. O de uma Geografia que se combine numa unidade, ao mesmo tempo que dê origem a uma teoria geográfica geral de Brasil. É com essas características que desde os anos 1940 a ideia de integração atravessa o pensamento geográfico brasileiro. Um conjunto de livros pode ser analisado por esse prisma.

Josué de Castro: espaço, dietética e nosologia em *A Geografia da fome*

Geografia da fome é um livro de 1946. Mais que uma exceção, é um dos exemplos do esforço de buscar dentro da Geografia integrada de então a teoria geral aplicada que forneça com olhos, vocabulário e linguagem de Geografia uma visão de totalidade do Brasil.

Josué de Castro vem da medicina, e é um estudioso que une o saber médico e o saber geográfico ao redor do problema essencial da alimentação, no Brasil e no mundo. Ao problema no Brasil, Castro dedica sua produção de maior fôlego, a *Geografia da fome*. Ao problema no mundo, em suas diferentes regiões e continentes, dedica a *Geopolítica da fome*, que vem à luz cinco anos depois da primeira, em 1951.

São dois livros que formam um só. Orienta-os uma teoria geográfica de criação própria, embora inspirada nos clássicos, a cujas ideias dedicara em 1939 a *Geografia Humana*, reeditada com o título *Ensaios de Geografia humana*, em 1957. Entendendo a temática da fome como um problema da Geografia da alimentação, dedica a este assunto *Alimentação à luz da Geografia humana*, em 1937, voltando ao tema da fome em 1957, com *O livro negro da fome*, e em 1967, com *Sete palmos de terra e um caixão*, sua obra mais condenatória das causas da fome no Brasil.

Quebrando um tabu: a realidade do conceito

A fome, diz Josué de Castro, tem sido tratada como um tabu. Evita-se falar dela, como se evitara falar de sexo. O tabu do sexo foi quebrado por Freud. Cabe quebrar o da fome.

À diferença do que se supõe, a fome é um fenômeno mundial, relacionado a carências e insuficiências alimentares que estão dieteticamente presentes em todos os países, mesmo nos economicamente avançados. Há uma forma coletiva e uma forma individual da fome, a primeira por seu caráter generalizado, a segunda por seu caráter de ocorrência local, permanente, ocasional ou cíclico. A primeira é a subnutrição. A segunda, a inanição. A subnutrição refere-se à fome provocada por carências proteicas, minerais ou vitamínicas. A inanição é advinda da falta prolongada de alimentos. Se a inanição choca por seu aspecto brutal, a subnutrição é mais destrutiva e sorrateira. A esses dois distintos conceitos deve-se somar o de áreas de fome, aí se devendo distinguir as áreas do primeiro e as do segundo tipo. É área de fome aquela em que pelo menos metade da população sofre os efeitos de carências em seu estado de nutrição, seja em que grau de carência for. Pode-se, entretanto, distinguir entre as áreas de fome endêmica, aquelas em que o estado de subnutrição é permanente, e as de fome epidêmica, aquelas em que esse estado é temporal e provisório. A cada uma dessas áreas se correlaciona um quadro nosológico correspondente, fome e doença andando juntas.

As áreas de fome no Brasil

Cinco são as áreas de fome no Brasil, duas endêmicas, uma epidêmica e duas atenuadas: a Amazônia, o Nordeste açucareiro, o sertão nordestino, o Centro-Oeste e o Sul. A Amazônia e o Nordeste açucareiro são áreas endêmicas, o sertão nordestino é área epidêmica e o Centro-Oeste e o Sul são de fome atenuada. A rigor, só as três primeiras áreas são efetivamente de fome. As duas últimas são áreas com bolsões localizados de carências nutricionais.

A área amazônica tem seu quadro nutricional e nosológico fortemente relacionado ao problema dos solos e à forma inadequada do arranjo do espaço agrícola e pastoril. Aqui tudo começa nas carências minerais do solo, que se transferem como carência para os vegetais – naturais ou cultivados – que nele crescem e nessa acumulação em cadeia se transferem e se traduzem em carências biológicas no homem. O quadro do arranjo espacial, todavia, é o responsável pela fraqueza do contraponto.

A forte lixiviação e laterização do solo dão origem a uma pobreza química, sobretudo em ferro (paradoxalmente), cálcio e cloreto de sódio em termos de solubilidade e que se transfere para as plantas, naturais ou regionalmente cultivadas. A essa pobreza mineral se somam os erros da dietética, materializados nos tipos de cultivo que aí predominam e na fraca presença da pecuária. Na Geografia da alimentação, pois. Como esses problemas não encontram contrapeso no arranjo agropastoril e no apelo generalizado aos recursos alimentares da floresta, rica sobretudo em frutas oleaginosas, o déficit mineral então se reforça no proteico e no vitamínico.

A mandioca em seus diferentes usos é a base da Geografia alimentar da população. Esta vive completamente da colheita de sementes silvestres, de frutos, de raízes, extraídos da floresta, da caça, da pesca, além do cultivo do milho, do arroz e do feijão, ao lado da mandioca, porém produzidos em áreas de localização restrita. A mandioca é consumida principalmente na forma da farinha d'água, sempre misturada aos outros alimentos vindos da floresta, dos rios e da lavoura, além das formas de beiju, do mingau e da bebida fermentada (como o cauim). Planta típica do meio tropical e herança indígena, a mandioca é, todavia, um alimento pobre em proteínas, o que a população busca compensar com o aditamento das misturas, via o peixe, enriquecidas dos molhos produzidos com sucos extraídos das ervas locais e a pimenta. Todavia, só em parte equaciona-se um déficit que vem sobretudo do fraco consumo dos alimentos mais ricos em proteínas, como a carne vermelha e o leite e seus derivados. Dado que estes são alimentos restritos a poucas áreas, não se logra, assim, compensá-los com o consumo de carnes frescas, uma vez que no geral a floresta amazônica é pobre em animais de caça. O próprio peixe tem seu consumo restringido às populações ribeirinhas.

A carência vitamínica se acrescenta a esse quadro de carências minerais e proteicas na região. Pouco se consome aí de verduras e legumes, tanto quanto de frutas. Também é grande a restrição florestal, ao contrário do imaginado. O excesso d'água dificulta a concentração do sumo e a pouca insolação no âmbito interno da floresta reduz o teor vitamínico das frutas. Vingam, assim, basicamente as frutas oleaginosas, vinculadas aos tipos de palmáceas, em geral localizadas nas áreas ensolaradas das várzeas ou matas ciliares, como o buriti e o açaí, ricas em vitamina A, ou de grande porte, pondo-se acima do tapete florestal, como a castanha-do-pará, rica em proteínas.

Tudo isso afeta o metabolismo basal e do trabalho. A começar do teor necessário de calorias. E de aminoácidos. E cria um quadro nosológico posto sempre na dependência da presença de outros meios de compensação. A exiguidade do cálcio, vinda dos solos pobres e seu reflexo sobre os alimentos e as águas, não redunda num raquitismo graças à riqueza em vitamina D da insolação regional. Já a carência do ferro se traduz numa forma regional costumeira de anemia. E o déficit do cloreto de sódio, expresso na carência do sal, obriga a uma compensação, de efeitos escassos, no alto consumo da pimenta, muito comum entre as comunidades indígenas, e ao uso de um vestuário mínimo e mais leve que contenha e compense a intensidade da sudação e corretivamente controle a perda de sal. A carência de vitamina A é compensada pelo consumo do peixe, limitando a incidência da xeroftalmia. A do composto vitamínico B, causa em outras áreas de gastroenterite e beribéri, é igualmente atenuada pelo hábito da pesca e ao consumo das raízes e frutos silvestres. E a da vitamina C, causadora do escorbuto, é compensada pelo consumo de molhos apimentados, em sua mistura com os alimentos provindos da caça e dos bolos e outros usos da mandioca.

A rigor, o destoamento ambiente-saúde deve-se à falta de uma Geografia da alimentação balanceadora que impeça o afloramento das limitações naturais do meio, via formas de dietética inibidoras de efeitos nosológicos prováveis. A distribuição territorial da população combina uma habitação de concentração ribeirinha a que se opõe uma dispersão floresta adentro, num quadro geral que leva as áreas de lavoura-pecuária e as atividades de extração dos recursos do meio a se dissociarem inteiramente, agravado pela baixa densidade da população. Esse arranjo do espaço bloqueia a criação de um circuito de trocas em que as potencialidades nutricionais de uma área corrigissem as carências minerais, proteicas e vitamínicas naturais das outras.

O Nordeste açucareiro conhece o outro extremo. Aqui a potencialidade e a exiguidade alimentar formam o contraste, uma vez que a forma monocultural e latifundiária da ocupação do espaço neutraliza os efeitos de uma natureza em tudo propícia a uma dietética e um quadro nosológico exemplares. O solo é extremamente rico em potencialidades minerais. O clima dosa os momentos térmicos e hídricos apropriados ao desenvolvimento de uma floresta rica em árvores frutíferas, à atividade da caça e a uma agricultura sazonalmente diferenciadas, com a oferta possível de uma diversidade de frutas, verduras e legumes, além da criação de gado. A cana, todavia, assumiu o domínio imperial do espaço, devastando e inibindo as potencialidades do meio e impedindo o surgimento de uma adequada Geografia da alimentação, pondo no lugar uma outra, de restrições, que o latifúndio sacramenta como modelo agrícola. Não restaram mesmo os rios, vítimas, junto aos solos, fauna e flora, desse modelo. A cana-de-açúcar tornou-se autofágica.

Todavia, antes que a cana se implantasse historicamente como centro da colonização, foi a agricultura de origem árabe, rica em frutas, legumes e verduras, ao lado da criação miúda que os colonos portugueses implementaram, junto a uma arquitetura de habitações alpendradas e espaçosas e um vestuário leve e simplificado. O advento da cana manteve o estilo arquitetônico e do vestuário, mas eliminou e ilhou a policultura alimentícia dentro dos domínios residenciais senhoriais, carreando-a para seu usufruto exclusivo. E, com o fim de inibir sua reprodução mais além, instituiu como cultura os tabus alimentares que excluem o consumo das frutas – do tipo combinar manga com leite – ao lado dos legumes e verduras, da dietética popular.

Surge, então, uma dietética centrada na farinha da mandioca, regionalmente combinada à mistura com o melaço da cana, ou ao feijão e charque, além do café e açúcar, no meio urbano, mas com os mesmos problemas de deficiência proteica, mineral e vitamínica da região amazônica, em face da ausência do leite, verduras e legumes, junto às frutas. Em compensação, predomina o excesso de hidrocarbonados e dos açucarados. Isso dá num estado de insuficiência calórica. O suprimento proteico vem quase exclusivamente de origem vegetal, do feijão e da farinha. E o efeito imediato se dá na baixa estatura da população, impropriamente chamado de raquitismo. O predomínio dos açucarados (aipim, cará, inhame, batata-doce, pão doce, grudes, mel, beijus, bolos, pamonhas) dá na considerável presença do diabetes, entre as famílias de senhores de engenho, sobretudo, ao lado de avitaminoses B. É generalizada a avitaminose A, vinda do peso da exclusividade do feijão com farinha, acrescidos de pouca variação. E é comum a avitaminose C, com efeito no escorbuto, contrabalançado na dietética baiana pela presença das pimentas. A carência mineral generalizada de ferro, vinda também em decorrência do uso monocultural da cana, em seu empobrecimento do solo desse elemento, se expressa na prática habitual da geofagia, respondendo pela incidência da anemia e do paludismo. A exceção corre por conta da dietética da população litorânea, enriquecida do valor nutritivo de frutos como o coco, rico em gorduras e sais minerais, combinados com a proteína vinda do pescado, e do caju, rico em proteína e ácido ascórbico.

O sertão nordestino é uma região contrastada. Dispõe de uma dietética mais balanceada, mas é periodicamente afetada pelo flagelo da seca, alternando períodos de um quadro alimentar mais equilibrado que os das áreas amazônica e açucareira nordestina com períodos de fome global.

É uma área de milho, associado a uma diversidade de produtos regionais que compensam a pobreza proteica e vitamínica do milho, pela presença do gado e a riqueza frutífera da vegetação natural.

O clima cria o contraste. E a Geografia agrária, a fome cíclica. De um lado, há um período de bonança, de disponibilidade de água das chuvas e o verde da paisagem, de outro, o período do flagelo, da escassez de água, do solo esturricado e da atrofia da vegetação, levando à alternância de um período de produção agrícola e pastoril pródiga e um outro de absoluta impraticabilidade da produção.

O peso do quadro agrário manifesta-se sobretudo no impedimento pelo latifúndio de uma política de guarda de provisão que use o período gordo para compensar o período magro em alimentos.

É a inventividade do camponês que busca contrabalançar esses momentos, na forma de uma ocupação do espaço conferidora de maior equilíbrio. Assim, ao lado da grande extensão pastoril, o camponês acomoda uma policultura de subsistência ribeirinha – com o plantio de milho, feijão, fava, mandioca, batata-doce, abóbora e maxixe, com culturas de horta e jardins, de influência árabe-portuguesa –, feita no leito do rio seco tanto na estiagem quanto nas épocas de seca e que aproveita o que houver de água até o limite. Tudo em meio a um substrato formado por um solo pouco espesso e arenoso ou pedregoso, de disponibilidade variável de elementos minerais e a uma cobertura vegetal de caatinga, aberta, às vezes seca e espinhenta, às vezes ofertante de umas poucas mas proveitosas árvores frutíferas, como a mangaba, o araçá, o umbu e o pequi, e de uma caça abundante em psitacídeos. Refletindo essa inventividade do uso do espaço vem a dietética sertaneja, marcada por uma criativa combinação de produtos de lavoura, pecuária, caça, pesca e extração, em cujo centro está o milho, consumido na forma do angu, canjica ou cuscuz, cuja base calórica é completada com elementos proteicos, minerais e vitamínicos fornecidos pelos demais alimentos. Realçam-se dentre eles o leite, compensando com sua caseína as limitações do amoniácido do milho, além de servir de base a outras combinações e ao fornecimento de seus derivados em queijo, manteiga ou requeijão, variáveis em forma e qualidade conforme provenha de origem bovina ou caprina, e a carne, de boi, carneiro e caprinos, consumida sob formas várias. Entretanto, é também aqui insuficiente o consumo das frutas, verduras e legumes.

Distingue-se, dessa forma, a nosologia sertaneja, pouco atingida pelas doenças de carência mineral, proteica e vitamínica das demais regiões, o problema invertendo-se no período das secas.

A seca desestrutura o quadro geográfico estabelecido, desarrumando e desequilibrando a dietética regional dos períodos benfazejos. Impõe-se um estado de inanição generalizado, com efeitos nosológicos de vários tipos, proliferando as doenças relacionadas à fome epidêmica, como a oftalmia – a cegueira é uma característica demográfica pós-seca – o nanismo, e as carências de nutrientes.

O Centro-Oeste e o Sul, por fim, embora sendo duas áreas de características dietéticas distintas, comungam de um quadro alimentar e nosológico menos problemático, em face do maior equilíbrio de sua geografia e regimes alimentares. Não são áreas de fome, seja coletiva, seja individual, mas de quadros localizados de carência mineral, proteica e vitamínica, social e territorialmente demarcados. O Centro-Oeste faz parte também da dietética do milho, mas aqui consorciado ao porco e às características da água e vegetação entrelaçadas ao redor dos elementos minerais mais assimiláveis e abundantes do solo próprias do ambiente do cerrado. O espaço é o domínio da pecuária bovina nos interflúvios planos e de uma policultura de subsistência de milho, feijão, café, arroz e cana nas várzeas dos rios, dando essa combinação numa dietética em que milho e derivados de porco e de carne bovina formam um consorciamento de alto valor calórico e rico em cálcio e vitaminas. Produz-se e consome-se mais largamente verduras, legumes e frutas, estas abundantes na vegetação natural do cerrado, rica igualmente em animais de caça, ao lado da pesca fluvial. Não se formam, a rigor, déficits, sejam eles calóricos, proteicos, mineralógicos ou vitamínicos de escala, balizando as características de um quadro nosológico regional igualmente discreto. O sul, por sua vez, possui esse quadro de relacionamentos mais alargado, em face de uma Geografia alimentar amplamente diversificada em razão da distribuição mais lata da propriedade agrária, seja pela maior diversidade étnica de sua população, seja pelo seu maior desenvolvimento econômico, dando numa diversidade também dietética, de alto efeito positivo no plano da nosologia.

As tendências de entrecruzamento

O forte surto de industrialização em curso vem, entretanto, refletindo-se nesse quadro de conjunto da Geografia da fome, tendendo a interferir de uma forma ainda não divisível sobre as diferentes realidades regionais, seja em termos dietéticos, seja nosológicos. Fruto do modo de entrelaçamento das características naturais com as formas de configuração do espaço em cada qual estabelecidos, a Geografia da fome é, em muito, resultado da correlação que cada modo de entrelaçamento ocasionou, mas na qual pesa com forte evidência a falta de uma rede nacional de circulação que permita pelo intercâmbio um equilíbrio das suficiências produtivas de umas regiões com outras, seja no âmbito interno, seja no das relações externas entre essas áreas de fome.

Por isso mesmo, o desenvolvimento de uma rede de conexões que a industrialização e a urbanização tendem a consigo trazer, e as respectivas relações de integração que as áreas possam entre si estabelecer, sobretudo por afetar as culturas dietéticas locais, potencializando ou, ainda mais, desestruturando suas configurações, deve ser considerada na perspectiva de correções respectivas, na medida de uma política alimentar e nosológica que pense a Geografia da fome do país como um todo.

Aziz Ab'Sáber: ciclos de tempo e ciclos de espaço em *Os domínios de natureza no Brasil*

Domínios de natureza no Brasil, potencialidades paisagísticas, é um livro de 2003. Na verdade, é uma coletânea de textos escritos e publicados entre 1963 e 2002, porém marcados por uma integração tão coerente e profunda que formam como que um todo que se une como se fossem capítulos escritos de um livro. Deles sobressai um vivo painel descritivo e analítico dos domínios da paisagem que mostram num raio x o quadro amplo e global do Brasil como um todo.

Mais que em qualquer obra, Ab'Sáber aplica nesses estudos sua teoria dos redutos e dos refúgios, razão real de sua unidade, e que utiliza como base analítica igualmente de *Amazônia, do discurso à práxis*, de 2004, e nos dois textos que reúne em *Brasil: paisagens de exceção, o litoral e o Pantanal mato-grossense, patrimônios básicos*, de 2006.

O domínio cultural-comunitário das paisagens naturais

Os espaços vividos pelas comunidades, diz Ab'Sáber, são territórios herdados. Porém, mais que territórios, as comunidades herdam paisagens morfoclimáticas e biogeográficas, ecologias. Essas paisagens são patrimônios por meio dos quais a vivência das comunidades passadas se faz presente, numa reciprocidade histórica de relação homem-natureza indissociada. A tarefa da sua sabedoria é saber continuar essa forma de interação.

Há, pois, um entrelaçamento entre os marcos territoriais da História das comunidades humanas e os da História dos domínios da natureza cujo resultado combinado são as paisagens geográficas. De um lado, tem-se nessa relação a evolução natural das paisagens naturais e, de outro, a evolução histórico-política das relações de intervenção das comunidades humanas sobre esses quadros cuja conjuminação numa só História é o que temos no retrato e na forma dos domínios de paisagem.

Isto explica a diferença dos domínios de paisagem da natureza no Brasil, comparados aos da África e da Europa. Todos têm essa propriedade genética. E essa peculiaridade do ser antes de mais paisagens territorializadas, aqui e lá. Todavia, numa comparação com as paisagens europeias, temos os motivos da enorme monotonia com que os europeus veem os domínios de natureza brasileiros. Essas são paisagens de extensão amplíssimas, sem as fragmentações que caracterizam as paisagens dos domínios europeus, frutos respectivos do dado político do território nacional herdado no espaço brasileiro e europeu: o recorte de domínios da natureza acompanhando o dos territórios nacionais dos países, a Geografia da natureza moldando-se territorialmente como um dado da Geografia política.

À diferença da enorme transformação paisagística a que a fragmentação política levou os domínios naturais do continente europeu, os domínios naturais brasileiros beneficiaram-se da enormidade do território nacional aqui herdado, com forte efeito de atenuação das transformações e de preservação mais amplas de suas paisagens.

Por outro lado, numa comparação com o continente africano, cujas paisagens e distribuição de domínios territorialmente se assemelham, e são igualmente de escala de primeira ordem de grandeza, tudo por conta da proximidade de uma História natural que é essencialmente comum aos seus patrimônios morfoclimáticos e biogeográficos, há, todavia, nos domínios de paisagens naturais africanos uma distribuição sequenciada no sentido das latitudes, que não vemos no Brasil, os domínios brasileiros se particularizando por seguirem uma área *core*, circundada por uma diversidade de domínios de redutos, que expressam uma História natural territorializada de características diferentes.

O palimpsesto

A História natural dos domínios territoriais de natureza no Brasil combina, assim, a longa escala de ciclos de tempo e de espaço em que a História dos homens se consorcia à de constituição das paisagens morfoclimáticas e das paisagens biogeográficas, estas a um só tempo diferenciadas e espaço-temporalmente imbricadas por superposição.

Toda essa estrutura se assenta, antes de mais nada, numa evolução geológico-geomorfológica que dota o território brasileiro de uma base predominantemente cristalina e cristalofiliana. Na Era Primária, duas grandes ilhas arqueanas (norte e sul) separadas por um golfo de oeste e um golfo de leste por onde circulam as águas dos oceanos Pacífico e Atlântico primitivos dão início à formação do continente sul-americano. No final da Era Secundária e começo da Era Terciária, ergueu-se do fundo do oceano a oeste a dorsal do dobramento andino, que fecha e transforma o golfo do oeste num mar interior (o mar interior amazônico), aberto agora para o oceano Atlântico pelo lado leste (entre as ilhas arqueanas, transformadas no Planalto Guiano e no Planalto Brasileiro, respectivamente) e pelo lado sul (entre o dobramento andino e o Planalto Brasileiro) por dois longos canais. Na Era Terciária, intenso trabalho de colmatagem com material carreado dos planaltos e da dorsal andina aterra o canal sul e estreita o canal leste, cobrindo-os de espessas camadas de sedimentos. Na Era Quaternária, por fim, completa-se o trabalho de colmatagem, que transforma o antigo canal leste na Planície Amazônica e o recobre do entrecortado da bacia fluvial do Amazonas.

Essa longa e complexa trajetória geológico-geomorfológica do Brasil junto ao continente sul-americano responde pelo quadro de repartição geral da topografia sobre cuja base vai-se formar, numa escala de tempo-espaço de menor duração, a compartimentação dos domínios de paisagens naturais atuais que terá lugar no longo do Quaternário, vinculada às alternâncias de glaciação e deglaciação cujo auge é o período Pleistoceno (Würm IV – Winsconsin Superior), cerca de 18 mil a 13 mil anos a.P. (antes do presente).

No decurso da fase superior do Pleistoceno, quando se dá a última das glaciações quaternárias, as temperaturas médias do planeta baixam de 3 a 4º C. Fantásticas geleiras descem em latitude dos polos Norte e Sul e em altitude das partes altas para as médias e baixas das cordilheiras. O nível do mar desce cerca de 100 metros em relação ao nível médio atual. As correntes frias se tornam mais intensas e avançam até as proximidades das baixas latitudes, correndo ao longo de uma costa dos continentes estendida para dentro dos oceanos rebaixados, para muito além do limite litorâneo hoje conhecido. O nível do calor baixa e torna bem mais frio e seco o ambiente das regiões situadas entre os trópicos. A aridez que se forma é um efeito que bloqueia a penetração das massas de ar oceânicas nos continentes. Esse conjunto de situações então se conjumina para aqui e ali retrabalhar as paisagens morfoclimáticas e biogeográficas existentes, determinando o substrato das características dos domínios e formas atuais dos trópicos.

Um efeito direto desse quadro no Brasil é a formação de uma vasta área de secura que se estende desde leste, dominando o litoral e o interior do Planalto Brasileiro rumo ao centro-sul, o centro e o norte. Consequentemente, em todos os lugares as florestas e o cerrado recuam, deixando espaços sobre os quais avançam a caatinga e os solos de pedra emanados do clima semiárido que se torna territorialmente preponderante, indo a cobertura florestal reduzir-se a uma multiplicidade de pequenas ilhas. Um padrão sequencial de sucessão de ocupação se dá, então, no espaço, em que as florestas recuam, cedendo espaço ao cerrado, o cerrado por sua vez recua, cedendo espaço à caatinga, até que esta ocupa todos os espaços deixados pelas antigas formações, dominando-os com seus solos de cascalho. Essas ilhas a que se reduzem ao longo do extenso período glaciar a floresta amazônica, a Mata Atlântica e a Mata de Araucárias, além do cerrado, tornam-se verdadeiros bancos genéticos e lugares de preservação da flora e da fauna, ao mesmo tempo que de geração de novas espécies e subespécies, cada ilha vindo a diferenciar-se nesse movimento de preservação-subespaciação umas das outras e em relação ao próprio passado. A baixa e recuo do mar, por sua, vez, força os cursos d'água a cavar mais fundo seus vales, talhando canyons e abrindo na confluência do oceano bocas estendidas por dezenas de quilômetros de largura, tudo associado ao intenso trabalho de desgaste erosivo em condições de semiaridez na retroterra coberta até o litoral de formações da caatinga, com fortes efeitos remodeladores dos domínios naturais.

Por volta de 12.700 a 6.000 a.P., inicia-se a deglaciação, que cobre o Pleistoceno superior e começo do Holoceno, restabelecendo as condições climáticas quentes e úmidas e reerguendo o nível dos mares de cerca de 3,5 cm, com progressiva e contínua recuperação do quadro pré-glaciar. Então, tal como manchas de óleo, as ilhas das formações florestais e de cerrado se expandem e coalescem sobre os espaços antes abandonados ao domínio da caatinga, num padrão de ordem de sucessão feito agora ao contrário, em que os cerrados engolem as paisagens das caatingas com seus solos de pedras e as florestas engolem as paisagens dos cerrados e de caatingas, florestas e cerrados avançando regressivamente (tal como numa erosão fluvial) em sua subida pelos vales dos rios rumo aos interflúvios, para de novo recobrir planaltos e planícies até formar os domínios atuais, nos quais a monotonia das extensões esconde e guarda relíquias das ilhas e paleoformas da glaciação quaternária, de que o cerradão entremeado no domínio paisagístico do cerrado aberto é o melhor exemplo. Isto enquanto nos trechos litorâneos a subida do mar engole as bocas de rios, transformadas numa repetida sucessão de rias.

Os domínios atuais

O Brasil pode ser dividido em 6 domínios paisagísticos e macroecológicos, separados uns dos outros por alongadas faixas de transição e contato, quatro tropicais e dois subtropicais, onde dentro e às margens das áreas *core* pontilham aqui e ali as heranças de redutos e relitos do Pleistoceno que guardam a chave do segredo em que o presente explica o passado e este a diversidade aparentemente desencontrada e sem lógica do presente. São eles o domínio das terras baixas florestadas equatoriais (domínio amazônico), dos chapadões tropicais interiores com cerrados e florestas-galeria (domínio do cerrado), das depressões intermontanas e interplanálticas semiáridas (domínio da caatinga), das áreas mamelonares tropical-atlânticas florestadas (domínio dos mares de morros), dos planaltos subtropicais com araucárias (domínio da araucária) e das coxilhas subtropicais com pradarias mistas (domínio das pradarias).

Não há uma relação, portanto, de imediatez, entre as áreas *core* e as províncias geológico-estruturais, embora só se expliquem em suas superposições. Bem como com as condições biomorfoclimáticas do presente. Mas uma complexa correlação de escalas de ciclos de tempo e ciclos de espaço, em que só a História natural territorializada, e já em sua correlação com os ciclos de tempo e espaço social da História político-demográfica do Brasil, lança luz. Dentro das áreas *core* há terrenos de idade e geologia variada, a área *core* de um domínio natural superpondo tanto escudos cristalinos quanto bacias sedimentares, tanto formas de paleopaisagem quanto do presente, indiferenciadamente.

Por isso, e além disso, se o valor aqui é metodológico, ali é epistemológico, isso fundamentalmente querendo dizer o cuidado a ter cada comunidade residente com o significado das escalas de tempo e de espaço, em seus ciclos de História e em seus distintos domínios herdados, no momento do uso dos espaços.

No domínio do cerrado, há, por exemplo, que se distinguir cerradão e cerrado. O cerrado é uma das mais arcaicas formações vegetais. Já o cerradão é uma das ilhas genéticas herdadas do Pleistoceno, necessário de preservar-se seja pelo seu sentido laboratorial de valor de estudo dos domínios de paisagem brasileiros, seja pela fragilidade ditada por sua extemporaneidade ao quadro morfopedogênico e morfoclimático do presente.

A floresta amazônica é uma compartimentação diversificada de quadros geobotânicos, fruto das ilhas e especiações e subespeciações do passado, presentes ao lado das áreas de caatinga, campestres e de cerrados, com suas correspondentes paleoformas de relevo, solos etc., quadro diferenciado de redutos e refúgios do Pleistoceno, posto dentro ou ao lado da área *core*, que a extensividade horizontal da aparência mal esconde e reclama por seu valor laboratorial e um plano de tratamento cuidadosamente diferenciado.

O mesmo diga-se do domínio da Mata Atlântica, ainda mais paleocompartimentada, por sua maior riqueza de encraves e relitos, como o ecossistema de cactáceas do litoral de Cabo Frio, no estado do Rio de Janeiro, ou de cerrados e mandacarus, da área de Salto-Itu, paleoformas do tempo da extensão da caatinga pelo estado de São Paulo, sem falar da extrema fragilidade ambiental da área de mares de morros, sempre no risco de deslizamentos diante do uso inadequado que nela generalizou a indústria da construção.

E diga-se ainda do domínio da Mata de Araucárias, de uma História de ciclos de tempo e espaço naturais e sociais semelhantes à dos outros domínios de paisagem. E ainda do domínio das pradarias.

Carlos Augusto de F. Monteiro: pulsão da natureza e interação espacial em *Teoria e clima urbano*

Teoria e clima urbano é uma obra de 1976. Nela, Carlos Augusto de Figueiredo Monteiro apresenta sua teoria de unidade orgânica da cidade e do clima, dois sistemas que se unem num só, um sistema clima urbano (SCU).

Chama a atenção a visão holista com que embasa sua teoria, que o autor explicita e aprofunda em textos posteriores, particularmente em *Clima e excepcionalismo*, de 1991, e na longa introdução da coletânea *Clima urbano*, de 2003.

O sentido espacial e cotidiano do clima geográfico

Há um formato geográfico do clima que o distingue do meteorológico corrente na Geografia, diz Monteiro. Essa diferença refere-se, antes de tudo, ao sentido humano do clima que, como reclama Sorre, o geógrafo não considera na visão excessivamente física do conceito meteorológico que paradoxalmente reitera. Acresce que o clima geográfico é um fenômeno essencialmente relacionado ao ritmo do tempo, longe estando do caráter estatístico de um estado médio das condições físicas do ar do clima meteorológico.

Em Geografia, o clima é, então, um fato que se refere às interações que se passam na camada mais interna da atmosfera terrestre, em suas ligações de recíproca influência com as demais esferas que compõem a superfície terrestre, dentre as quais sobressai a esfera humana em vista do ordenamento do espaço que o homem estabelece segundo suas atividades de provisão e de vida. Tem, por isso, um caráter local, é visto em sua interação espacial com a região e toma por referência as relações do homem com o meio, deixando para a meteorologia e para a relação interdisciplinar o que se passa nas camadas mais altas e na esfera dos circuitos da circulação mais planetária da atmosfera terrestre.

Isso dá à Climatologia geográfica uma identidade própria de definição e regras de tratamento, que não se confunde com aquelas da Climatologia meteorológica. O clima define-se geograficamente na escala humana. Sua escala é a da pulsação do tempo (série, sucessão e duração), em sua relação com a vida. E a variabilidade, não os padrões formais, é então o seu padrão. De modo que em seu tratamento, o geógrafo analisa-o no diapasão da ritmicidade, não das médias aritméticas, fazendo um uso da matemática, mas no limite dos valores críticos das funções da vida biológica. Ao vê-lo num forte vínculo com o dado biogeográfico, encara-o num sentido organísmico, não mecanicista do meio. Portanto, holista.

É o ritmo, fato comum à Climatologia, à Biologia, à Hidrologia e à Geomorfologia, em suma, ao homem, à História e à natureza, a categoria de essência e o foco de análise e das interações e integrações da Climatologia geográfica. É ele que faz o divisor de águas da distinção do tratamento do clima na Geografia e na Meteorologia: a Geografia cuida do ritmo e variabilidade dos ritmos de tempo, enquanto a

Meteorologia da previsão do tempo; a Geografia se apoia no gráfico de análise rítmica e se parametra em função das necessidades humanas cotidianas de exploração das possibilidades e limites de extrair a vida do meio através da forma adequada de organização do espaço, enquanto a meteorologia se apoia na carta sinótica e se parametra nos efeitos gerais que são definidos pelos padrões de ação do tempo definidos pelas medidas de tendência central e de variâncias da estatística discreta.

Definidas nesses distintos enfocamentos e utilidades práticas, a Climatologia geográfica e a Climatologia meteorológica veem assim estabelecidos seu campo de ação e os termos de uma relação de interdisciplinaridade. E é esse fato que pode impedir vermos repetir-se com a Geografia do clima a tendência de individualização e perdas de referência geográfica que vemos dar-se com a Geomorfologia em sua relação de fusão crescente com a Geologia, perdendo sua identidade e as condições de atuar como uma Geografia do relevo.

A cidade e o seu clima

O que melhor explicita a diferenciação dos propósitos é o conceito que a Climatologia geográfica e a Climatologia meteorológica fazem da cidade e sua relação com ela. A Climatologia geográfica a vê em termos orgânicos e a Meteorologia de sobreposição e externalidade.

A cidade é um termo polissêmico. É tanto uma localização espacial centroide, quanto o palco de uma extrapolação do horizonte do desempenho territorial do homem. Seja como for, é possível vê-la por contraste à relação com o campo.

Mas o que a distingue do ponto de vista de uma Geografia do clima são as construções. A constituição da cidade implica a alteração do clima local, seja pela modificação do sítio que sua construção produz, seja pelo aumento da produção de calor que vem do conjunto das construções que a edificam, essa alteração significando uma mudança do conjunto das características do seu pedaço de superfície terrestre cujo resultado é o clima urbano.

A cidade forja através das mudanças combinadas do clima local e do sítio a criação de um clima que lhe passa a ser orgânico, eliminando a noção de um duplo que é um atributo teórico do ver meteorológico. O fato é que não há um duplo, com um clima sobreposto a uma cidade e por ela afetado de cima e de fora, numa relação de um sistema-clima e um sistema-cidade, mas um sistema clima urbano. E se o faz no âmbito local, cria-o em nível de uma escala de interação regional, a interação homem-meio se organizando numa e através da interação espacial.

Essas interações espaciais entre o espaço da cidade e o espaço regional do entorno, cujo arco de circundância imediato é o campo, formam o horizonte escalar imediato do recorte territorial e da dinâmica cotidiana do clima urbano. Nessas interações, o essencial é a troca de energia que se dá entre o espaço do campo e o espaço da cidade, de vez que daí é que resulta o movimento da pulsação térmica e o realinhamento cartográfico diurno das ilhas de calor e frescor, que são o elemento por excelência do clima geográfico da cidade. Confundido com o seu sítio, o espaço urbano é o núcleo sistêmico dessa interação regional. Sua componente dinâmica são as entradas e saídas de energia térmica local e regionalmente trazidas e levadas pelos circuitos da circulação atmosférica. E a ação consciente e reitora do homem é a fonte da autorregulação, enquanto movido pelos princípios metageográficos que informam o sistema.

O clima urbano e a cidade

Mas a essência e o fundamento funcional do sistema clima urbano são os canais de percepção. Os elos da sua unidade orgânica e holista. O conteúdo que o funda e organiza como sistema. Filtros perceptivos da relação do homem com os dados físicos do clima, os canais de percepção são em número de três: o conforto térmico (canal I – subsistema termodinâmico), a qualidade do ar (canal II – subsistema físico-químico) e o impacto meteórico (canal III – subsistema hidrometeórico). E que podem variar segundo três distintas situações, que são: (1) o sentido da direção: do homem para os dados físicos, dos dados físicos para o homem ou de um para outro simultaneamente; (2) o elemento da dominância: o homem, a natureza ou a equivalência de ambos; e (3) o fator da função cêntrica: a cidade enquanto núcleo, o ambiente e os níveis orgânicos do sistema.

O canal do conforto térmico refere-se à componente termodinâmica, em sua direta relação com a percepção humana. Seu produto é a ilha do calor, provinda do circuito da circulação atmosférica em sua relação com os componentes próprios do urbanismo, como o uso do solo, a morfologia urbana, a localização-repartição das edificações, bem como com as interações do núcleo urbano e o entorno regional, a exemplo da relação cidade-campo em suas recíprocas trocas de energia. Dado o referencial energético, esse canal centra sua dinâmica na relação núcleo-ambiente, atravessando toda a estrutura do sistema e se pondo em ligação com os outros dois canais, com o canal II por seus vínculos com a formação e os deslocamentos dos pontos de poluição do ar dentro da cidade e com o canal III por seus vínculos com as condições barométricas, de ventilação e precipitações, formando em seu movimento diurno um entrecruzamento em que se funde com os circuitos de circulação atmosférica local e regional e aumenta os efeitos do conjunto sobre a vida cotidiana da cidade.

O canal da qualidade do ar refere-se aos efeitos da parte construída da cidade, numa interação que vai desta para o todo do ambiente, e, assim, do homem para a natureza, num sentido genético distinto ao da coparticipação que é a relação de domínio do canal térmico. Aqui ganham grande relevo de presença áreas de forte impacto ambiental, como as de concentração de indústrias e de circulação de veículos, que estão na origem do quadro de desconforto na cidade através das ilhas de calor aí formadas, sobretudo quando o mal-estar dessas ilhas de calor é deslocado e difundido para o todo da cidade acompanhando a circulação atmosférica que vem junto às alternâncias e mudanças diurnas dos polos da temperatura urbana.

O canal do impacto meteórico, por fim, refere-se à ação de parte dos dados físicos do clima, numa interação que vai da natureza para o homem, num sentido inverso da interação que temos no canal de qualidade do ar, seja na forma de fenômenos de frequência irregular, como tempestades, granizos, tornados, furacões, fortes nevadas, aguaceiros, seja na forma de hidrometeoros, como precipitações pluvio-nivais e nevoeiros, mais frequentes e mais regulares em sua ocorrência anual que os primeiros, todos de efeitos calamitosos sobre o cotidiano da vida urbana, interferindo drasticamente na circulação e fomentando a necessidade da constituição de mecanismos permanentes de defesa e preparo infraestrutural, a exemplo de um sistema de drenagem e um formato de arranjo espacial de fluxos dos elementos como a água consonante com o traçado do sítio urbano, nem sempre disponíveis nas cidades.

Bertha Becker: fronteira e periferia em *A geopolítica da Amazônia*

Geopolítica da Amazônia: uma nova fronteira de recursos é um livro de 1982. É uma reunião de textos produzidos por Bertha Becker entre 1970 e 1980 que se encaixam numa teoria geral do Brasil como se fossem escritos a um mesmo tempo e como capítulos de um livro. A despeito do título, é, assim, um estudo do quadro geral do espaço brasileiro dentro do qual, e só nessa medida e espelho, aparece a especificidade da Amazônia, tema de escolha de investigação por excelência da autora – ao qual volta, numa nova perspectiva em *Amazônia: geopolítica na virada do III milênio*, de 2004.

A base Becker vai encontrar na teoria do desenvolvimento polarizado, de John Friedmann, que enriquece no caminho sequencial dos textos com o adendo de elementos extraídos da economia política do espaço desenvolvida por David Harvey, à mesma época e à semelhança do ocorrido com este, mas mantendo a compreensão friedmanniana como referência.

O arranjo do espaço e suas formas e processos

A polarização de um elenco de periferias regionais por um centro, articulados numa relação de troca de inovações difundidas pelo centro e recursos remetidos pelas periferias, diz Becker, cujo produto é um desenvolvimento regional desigual e integrado, é a forma espacial como historicamente a sociedade brasileira organizou-se a partir do advento da fase industrial. As tensões estruturais criadas por uma centralidade tendenciosamente negadora de desenvolvimento a um quadro de periferias rebeldemente dotadas de formas próprias de iniciativa e criação são a energia que se põe no epicentro do comando do movimento do todo.

Cada recorte regional de periferia movimenta-se ao influxo de suas contradições próprias e com o centro, a fronteira em movimento pondo-se aí dentro. Há uma relação de autoridade-dependência que contrasta ao mesmo tempo que convive com a multiplicidade das autonomias, em que o desenvolvimento regional se faz presente, e o centro sempre acaba por prevalecer, num esquema espacial de reprodução de que o Estado e a política, mais ou tanto quanto a economia política, é a posição-chave.

Sob as instâncias do Estado, o centro canaliza e organiza a periferia, difundindo impulsos de desenvolvimento, que a periferia captura e não raro reproduz como relação interna, com centros regionais de comando e subperiferias dependentes, assimila e traduz em formas próprias, num traço rebelde de autonomia.

As relações de excedente são a razão e o motor dessa relação ambígua. E a divisão territorial do trabalho é a forma de espaço que organiza, ordena e direciona o processo. É sob esse formato que se arruma o espaço brasileiro – de resto o espaço latino-americano – no período de 1930 a meados dos anos 1960, quando uma relação de acumulação primitiva se combina a uma de acumulação capitalista madura sob égide da arrancada do desenvolvimento urbano-industrial.

O espaço em movimento

São Paulo e Rio de Janeiro assumem em paralelo o centro de comando nesse período, formando no curso do tempo um eixo metropolitano projetado sobre o todo do arranjo do espaço nacional. Esse é, no início, um todo esfacelado em "ilhas" que vão se unificando ao redor e em função do centro em formação, ao mesmo tempo que se diferenciando por suas funções nessa relação para ir formar as regiões periféricas. Primeiro o Sul, depois o Nordeste, cada região se interliga por sua função diferenciada à região *core*, na medida do desenvolvimento do centro metropolitano e dos meios de comunicação e transporte.

Os estímulos emanados do centro dinâmico e a função regional específica dos recortes regionais da periferia, combinados numa divisão territorial do trabalho, acabam por arrumar o espaço brasileiro numa relação de centro e periferia, na qual o desenvolvimento regional desigual é a característica, o grau de desenvolvimento fluindo na medida da proximidade-distanciamento do centro, assim surgindo, em círculos concêntricos ao redor do arco metropolitano, as regiões periféricas dinâmicas, as regiões periféricas em lento crescimento, as regiões deprimidas e, a grande distância e afastamento, as regiões de fronteira de recursos e novas oportunidades.

A fronteira em movimento é o elo subjacente à difusão das inovações e do crescimento do domínio territorial do centro que a partir dos anos 1930 se intensifica e toma o rumo do Centro-Oeste e do Norte.

A década de 1960 encerra, entretanto, essa etapa de centro-periferização e abre um período marcado pelo movimento de integração nacional dos recortes de espaço, à mercê da mudança no formato do desenvolvimento e a entrada forte da ação do Estado. Nessa passagem, o regime de acumulação subsidiário do desenvolvimento industrial por substituição de importações dá lugar a um outro derivado dos pesados investimentos em infraestrutura e setores de base do Estado, este vindo a ocupar um papel de comando destinado a estabelecer um equilíbrio na relação de centralidade existente entre o centro metropolitano e as regiões periféricas. Essa é uma fase em que daí para diante a política orienta a economia política do espaço, levando a polaridade nacional do centro a coexistir com maiores traços de autonomia de desenvolvimento das periferias, a fronteira a avançar rumo às bordas da Amazônia e a produção do excedente a diversificar-se mais amplamente pelo espaço.

Se por um lado essa quebra da relação espacial anterior pela intervenção estatal visa fazer o Estado valer-se do rearranjo do espaço nacional como meio de dissolver limites, franquear áreas ao mercado interno e abrir novas frentes de ação produtiva e de acumulação de excedentes, por outro visa também levá-lo a liberar as forças ativas de ação antes bloqueada pelo domínio elitista do centro, forçando a emergência de uma multiplicação em forma e natureza dos atores políticos.

Um certo nível da divisão territorial nacional-internacional de trabalho correspondente à antiga relação centro-periférica segue, entretanto, existindo, e com o mesmo sentido de polaridade de São Paulo, mas agora sob um formato em que as periferias não dependem daquele centro como fonte de estímulo e impulso de inovações, por conta da transferência de função que o Estado de certa forma carreia para si como indutor do desenvolvimento. Assim, as inovações surgem e se difundem partindo seja do centro, seja de um e de outro ponto espacial da própria periferia, cujos atores intervêm vindos desses lugares plurais. Mesmo que, no fundo, as forças instaladas no centro metropolitano, confundidas com a máquina geral do Estado, ganhem sempre.

É assim que os fluxos, de inovação, mão de obra e meios financeiros, que até os anos 1960 se direcionavam para o centro nacional, tomam agora direção múltipla, orientando seu interesse particularmente para a faixa da fronteira de recursos e novas oportunidades, então vistas como um vazio despovoado, imprimindo um novo formato, dinâmica e entendimento de fronteira, numa inversão de sentido que se reflete na criação de relações entre as próprias periferias, num novo modo de arranjo espacial das relações nacionais.

É assim também que o caráter francamente rural que o centro empresta às periferias, por encará-las com o mesmo olhar de fonte de mão de obra e suprimentos com que a cidade encara o campo, ganha aqui um caráter também inverso, dinâmico e de sentido novo, com os fluxos pluralizando a direção num campo que emerge com o mesmo novo significado das periferias.

O trajeto da determinação espacial

O espaço da periferia se apresenta, assim, agora como uma riqueza de alternativa ao alargamento do mercado interno, que as intervenções do Estado vão materializar como política a partir dos anos 1960. Basta-lhe remanejar o novo arcabouço espacial. No fundo, dar curso ao que fora a história da relação espaço-desenvolvimento no Brasil desde o começo em face da flexibilidade criada pelo movimento contínuo da fronteira.

A noção de fronteira varia no tempo. Mesmo que confundida ao movimento do espaço físico, é sempre fronteira para os fins de produção-captura de excedentes para acumulação pelo centro.

Até os anos 1930 vige o arranjo espacial originado pela economia agroexportadora, caracterizada pela estrutura em "ilhas" relacionadas com o mercado externo e sem contatação entre si, à semelhança de um arquipélago. A urbano-industrialização que se dá a partir daí produz a unificação dessas "ilhas" dispersas, canalizando, numa forma de acumulação primitiva, seus excedentes regionais para o acúmulo no centro metropolitano que vai se formando, tudo se arrumando numa relação de centro e periferias. Cada "ilha" vira uma região ou o núcleo formador de uma região, cada qual se distinguindo funcionalmente da outra por seu tipo de elo complementar com o centro, a dispersão anterior dando lugar a um espaço integrado de um modo centro-periférico. A partir dos anos 1960 é a vez desse todo de centro e periferias refazer-se para dar vez a uma nova estrutura, o conjunto se transformando num sistema espacial no qual as periferias, depois de reproduzirem o arranjo do quadro nacional internamente entre as cidades e seu entorno sub-regional, passam a se organizar segundo mecanismos de geração e acumulação de excedente a um só tempo autônomos e articulados com o centro. O Estado é o gestor das mudanças e ponto de unidade dessa modalidade de integração, que não elimina, mas refaz num modo mais flexível a relação centro-periferia de antes.

Em cada um desses momentos a forma de organização do espaço está em correlação com a do seu processo do desenvolvimento nacional, via um dado regime de acumulação. E a passagem de um regime para outro (agroexportador, urbano-industrial e monopolista) se traduz na mudança da forma do espaço, numa relação forma-processo. Mas correlaciona-se também às relações estabelecidas entre a forma de ação política do Estado e a marcha da fronteira em movimento, esta regida em termos de pura economia política, sobretudo quando são momentos que se encontram na fase pós-anos 1960.

A cidade e a mobilidade do trabalho são elos que costuram os liames dessas correlações por dentro, em particular em seus vínculos com o desenvolvimento e expansão territorial dos meios de comunicação e transporte. Impulso que se torna mais importante quando da adoção da política de incentivo fiscal pelo Estado no período pós-1960. Segundo dois momentos. Nos anos 1960-1970 a política de incentivo fiscal leva ao surgimento de relações de centro e periferia internamente às periferias, via conversão à condição de centros a capitais como Salvador e Recife, no Nordeste, e Porto Alegre, no Sul, num simples ato de reforço da centralidade nacional do arco metropolitano São Paulo-Rio de Janeiro. Já nos anos 1970-1980, leva ao surgimento de inúmeros povoados erguidos ao longo das rodovias de impulsão da marcha da fronteira no rumo do Centro-Oeste e Norte, como a Belém-Brasília, cuja função é organizar em seus inúmeros pontos locais o espaço da mobilidade do trabalho e a produção-escoamento do excedente, daí advindo em seu vínculo de retroalimentação do próprio processo da fronteira. São dois momentos e duas formas diferenciadas do mesmo processo de integração nacional de novo tipo, que corresponde à Geografia do desenvolvimento monopolista.

Milton Santos: tempo espacial e lugar em *A natureza do espaço*

A natureza do espaço – Técnica e tempo, Razão e emoção é um livro de 1996. Nele, Milton Santos retoma e aprofunda a teoria que expõe em *Por uma Geografia nova: da crítica da Geografia a uma Geografia crítica*, de 1978. Retomada, é, entretanto, também uma ruptura com seus termos, mantendo e ao mesmo tempo reorientando uma linha que, no fundo, começa com *O papel do geógrafo no terceiro mundo*, a obra talvez seminal de suas ideias, de 1971, e que melhor explicita em *Por uma outra globalização*, de 2000.

As formas-conteúdo: genealogia e gênese do espaço

O espaço é um sistema de objetos orientados para as ações, diz Milton Santos. A técnica é o elo. Os objetos espaciais expressam a intencionalidade contida na técnica que os produz e portam, por isso, a possibilidade da ação. Mas se é a intervenção técnica a fonte genética do objeto, o espaço é a sua dimensão de totalidade. O objeto sozinho não é nada. Ele só ganha definição quando visto dentro da totalidade espacial de que é parte. Enquanto dado isolado, ele é conteúdo técnico potencial, o conteúdo que a técnica lhe passa no ato de produzi-lo. Quando inserido no todo do espaço e visto por relação à totalidade dos demais objetos, a potência que guarda em si manifesta sua possibilidade, vê-se definido e o seu conceito se afirma, virando uma forma-conteúdo.

O caráter de forma-conteúdo do objeto espacial é uma derivação do modo como se dá o movimento de retotalização contínua do espaço. Isto é, o refazer-se por cisão que aqui fragmenta e ali reaglutina as partes num novo todo, num processo que cria-recria as partes do todo de um modo solidário continuamente. É quando o objeto manifesta sua potência. Basta que um objeto mude de forma ou esta mude de função, para que a totalidade espacial se refaça num movimento de retotalização.

Importa nessa dinâmica de retotalização o elo que costura a coerência interna (a paisagem, a configuração territorial, a divisão territorial do trabalho, o movimento produtivo, as rugosidades, as formas-conteúdo) e a coerência externa (a ação, a norma, os eventos, a universalidade-particularidade, a totalidade-totalização, a temporalização-temporalidade, a idealização-objetivação, os símbolos, as ideologias), tarefa exercida pela técnica, por seu caráter de elemento dinâmico.

Por isso, por trás de cada objeto geográfico – fábricas, minas, plantações, pastagens, usinas de energia, cidades etc. – está a ação da técnica, em seu ato de criar-recriar o espaço. E por trás da técnica está a intencionalidade, o sentido teleológico que ela contém e passa para o objeto, inoculando-lhe a possibilidade do fazer da ação.

A técnica surge da necessidade do homem de converter o meio natural em meios e modos de vida, a técnica vindo da experiência que essa relação acumula, a ela voltando como mediação. Por isso, sempre é equivocadamente vista como um ente externo à relação homem-meio, não como uma relação interna que se faz exterioridade.

Seja como for, é o diferente grau dessa presença mediadora da técnica na História que faz o espaço geográfico diferir em três formas no tempo: o meio natural, o meio mecânico e o meio técnico-científico-informacional. O meio natural corresponde ao período em que a ação humana limita-se ao corpo como o recurso por excelência de intervenção do homem sobre uma paisagem natural, que mal transforma, e por isso o âmbito territorial de vida não vai além do marco local. O meio mecânico corresponde ao período do surgimento da máquina, engendrando um espaço mecanizado e cada vez mais povoado por objetos e parâmetros de racionalidade técnica, as relações técnicas substituindo tanto as relações naturais quanto as relações humanas sob o impulso de uma lógica mercantil e de uma divisão especializada do trabalho que empurra o marco territorial das relações espaciais para uma escala cada vez mais mundializada. O meio técnico-científico-informacional, por fim, corresponde ao período atual, em que a energia que move o espaço e forma o conteúdo das coisas, objetos e ações é a informação, a paisagem se tecnocientificiza em caráter generalizado, as inovações se difundem e se superpõem em suas diferentes datas de idade pelos territórios, o conhecimento se torna o principal recurso, e a lógica do mercado e da divisão territorial especializada dos lugares de produção derruba fronteiras, fluidifica os espaços, ativa a guerra dos lugares e a relação espacial se globaliza.

Cada período da História tem, assim, a marca de uma era técnica. Cada era técnica é uma forma de espaço. E por isso o sistema de objetos e ações de um período distingue-se do sistema de outro, o que é visível na forma da configuração do território, do arranjo do espaço e da modalidade da paisagem.

O acontecer solidário

Sistema de objetos a ações, o espaço se faz o campo do acontecer solidário. O âmbito do evento é o acontecimento, definido como um pedaço de tempo, momento, instante. E o acontecer se dá num ponto local do espaço, que é por definição o lugar. Instante de tempo acontecido num dado espaço, o evento transpõe, portanto, a escala do acontecer isolado.

Um evento nunca ocorre sozinho, mas sempre junto a outros eventos, numa simultaneidade. Seja num lugar, ou numa pluralidade de lugares, eventos de duração vária acontecem num mesmo momento de tempo, num acontecer solidário. Por sua simultaneidade, o evento reativa a potência adormecida no objeto e mobiliza a ação. De caráter sistêmico, é o seu acontecer que mergulha o espaço em um quadro de situações, criando as escalas de espaço.

Pode-se falar de uma escala espacial dos eventos falando-se de um evento local, regional, nacional, mundial, global. O êmulo desse alçamento escalar é a divisão territorial do trabalho. Conjunto de lugares especializados, a divisão territorial do trabalho cria o espaço da diversidade dos tempos. É esse movimento que inventa o tempo do lugar e o tempo do mundo.

O lugar: a força do espaço

Através de sua construção técnica, o espaço empiriciza o tempo. E o tempo empiricizado num desenvolvimento espacial desigual arrasta a técnica a espacializar-se num desenvolvimento também desigual. Assim, cria-se um todo de espaço tecnicamente desigual e combinado, em que um pedaço de espaço expressa uma técnica mais avançada que outro. Do entrelace desses pedaços de espaço tecnicamente desiguais surge um todo de hierarquias de mando, em que técnicas hegemônicas interagem com técnicas hegemonizadas através das interações de seus espaços.

À diferença do meio geográfico do passado, em que havia tantos sistemas técnicos quanto lugares e culturas de grupos humanos, todos referenciados ao corpo e assim carentes de mobilidade e restritos às condições territoriais e naturais do local, o presente se caracteriza por um mesmo sistema preponderante em escala de mundo, sobreposto como um subsistema hegemônico aos lugares, ecologias e meios técnicos aí existentes. Há uma universalidade da técnica hegemônica que recobre com sua racionalidade e normas funcionais todos os subsistemas e situações locais, num mesmo padrão que se amolda em cada lugar de uma forma própria, segundo a prevalência das características locais preexistentes, moldando o lugar na forma de uma organização espacial em que as temporalidades locais se combinam e se inter-relacionam entre si e com os elementos de fora num mesmo tempo real. Trata-se de uma unicidade técnica que se traduz, assim, numa unicidade temporal marcada e definida como uma convergência dos momentos, também aqui diferindo por arranjos distintos o passado e o presente da organização do espaço. No meio geográfico passado havia simultaneidade dos eventos, mas não havia como isso se perceber. E quando as notícias eram simultâneas, frequentemente os eventos não eram. No presente, governado pelas técnicas de comunicação e de apreensão perceptiva simultânea, em que por meio de satélites os movimentos da superfície terrestre são captados num mesmo relance, os momentos convergem numa mesma simultaneidade de tempo. Essas duas unicidades combinadas dão, juntas, numa terceira, a unicidade motriz, materializada numa mais-valia global que é objeto de referência comum da ação simultânea das empresas, instituições e governos, como um motor único de seus movimentos. Essas três formas de unicidade recobrem, então, o planeta numa trama global e em rede.

A rede significa um espaço de relação de vida a um só tempo unitário e diferenciado. E indica um modo de organização geográfica dos grupos humanos tanto do passado quanto do presente. No presente, a unicidade conjunta da técnica, do tempo e do motor faz a diferença, envolvendo o planeta numa rede global.

Nessa rede global, todavia, o espaço é então simultaneamente global e local, a força epistemológica da técnica e da informação mundializando e a força ontológica dos objetos fragmentando a sua organização. Portadores da possibilidade da ação, os objetos puxam sua força técnica para a relação local. Portadores por sua vez do padrão da conformação, as unicidades puxam-na para a relação global. De modo que a rede organiza o espaço como mundo e lugar, simultaneamente, mas na propriedade em que o mundo é o virtual e o lugar é o real. Mas um mundo que existe na forma e através do lugar. Lugar que, morada dos eventos em sua materialidade de objetos e ações, em si sintetiza toda a força viva do espaço.

Horieste Gomes: espaço e homem em *Reflexões sobre teoria e crítica em Geografia*

Reflexões sobre teoria e crítica em Geografia é um livro de 1991. Reeditado em 2009, foi ampliado com dois novos capítulos. Nesse livro, Horieste Gomes sistematiza em teoria a visão de Geografia que expõe parcial e fragmentariamente em outros trabalhos, como *A produção do espaço geográfico no capitalismo*, de 1990. O conceito de meio geográfico, entendido como a relação espacial da sociedade e da natureza, serve como campo de referência das ações de conflito que governam por suas diferenças de classes sociais e forma a base da compreensão do movimento geográfico das sociedades na História do autor.

A relação sociedade-natureza

A relação de transformação da natureza é o universo dentro do qual o homem se move em suas ações na História, diz Gomes. Feitas em termos estruturais, as relações espaçotemporais, seu caráter socionaturalmente definido, que os homens põem como mediação de suas relações com a natureza é que são as determinantes da História que produzem.

O caráter comunitário das primeiras sociedades punha as funções econômico-produtivas e as relações de regulação da biosfera num estado de equilíbrio relativo. O homem se apresenta diante dessas relações como um ser em consciência crescente de suas ações, à medida que acumula conhecimentos e com eles cria e desenvolve suas forças produtivas, sempre o fazendo em harmonia com o entorno natural. A terra, um recurso integral da natureza e bem comum da população é o garante desse estado de consciência e equilíbrio.

O surgimento casado do excedente com o surgimento logo a seguir da propriedade privada da terra e demais meios de produção, redundando numa relação classista com o espaço, quebra com esse estado geral, engendrando uma sequência de formas de sociedade na História nas quais o modo de relação entre o homem e a natureza é por essência contraditório. Diferentes na forma social de organização, mas marcadas todas elas pela desarmonia estrutural do todo ao interpor a relação de apropriação privada da terra entre homem e natureza, têm em comum o conflito.

O desenvolvimento do capitalismo, trazido pela generalização da relação mercantil com a terra, culminando na sequência de cisões estruturais que levam o espaço a incluir uma escala crescente de desigualação na relação dos homens entre si e com o meio, a partir da extensão da apropriação privada da terra ao todo da natureza e do próprio espaço, é a forma moderna de sociedade contraditória, marcada e movida pelo conflito envolvendo homem, natureza e espaço.

O espaço geográfico

O espaço geográfico é a base concreta da vivência terrena do homem. O ato de transformação consciente da natureza em meios de produção e de vida é um ato de construção consciente do espaço. E esse é um fato que se revela na paisagem, em sua evolução de um ambiente dominado pela presença dos elementos primários da natureza (a primeira natureza) pelos de uma natureza progressivamente socializada pela ação transformadora do homem (a segunda natureza).

Geneticamente, o espaço é o produto da relação técnica do homem com a natureza. E o seu arranjo é o produto do modo como os homens definem suas relações entre si ao redor de suas relações de apropriação da natureza, uma vez que os homens entram em relação com a natureza através das relações que estabelecem entre si. Dessa dupla dimensão relacional decorre, então, a forma histórica de sociedade que constroem.

A forma da propriedade dos meios de produção dos meios de vida é a relação determinante. É ela que vai definir o modo de relação do homem com a natureza, a forma como vai se dar a mediação da técnica e a modalidade da organização do espaço. Definindo, assim, espaço como todo e meio geográfico.

A relação sociedade-espaço

Aqui intervém o papel de regulador das relações de produção sobre o desenvolvimento das forças produtivas, motor-chave do desenvolvimento das sociedades e do encaminhamento de seus conflitos na História. A transformação da natureza em meios de produção de vida é feita pelos homens numa relação de cooperação e com apoio na técnica. A capacidade de produzir e distribuir mais meios de vida é diretamente proporcional à que a sociedade tem de empurrar em desenvolvimento contínuo seu nível de forças produtivas, à mercê de graus crescentes de modernidades técnicas em seu poder de intervenção, em que artefatos técnicos, habilidade de ação e conhecimentos do homem se combinam. Desenvolvimento esse que se dá quanto mais os homens se mostram hábeis em casar teoria e prática no âmbito processual da transformação da natureza e na solução do cotidiano material de seus problemas. Sucede que tanto o ato da transformação da natureza em meios de produção e de vida quanto o impulso de criação de formas mais avançadas de forças produtivas se faz dentro das relações sociais que estabeleceram entre si ao redor da ação produtivo-distributiva, os interesses sociais aí materializados intervindo poderosamente. Revelando um caráter histórico frequentemente conservador, as relações de produção, em que se incluem as formas de propriedade e sociais de estratificação entre os homens, tendem a agir como freios, bloqueando e amarrando os passos do desenvolvimento das forças produtivas. Estabelece-se, assim, um estado tendencial de conflito entre o desenvolvimento das relações e forças de produção, em que o controle das relações de produção cerceia a progressão em caráter contínuo das forças produtivas que só se resolve mediante a transformação radical daquelas.

Modo como os homens organizam entre si a forma como se relacionam e dão conta da transformação da natureza em sociedade em História efetivada, o espaço embute congenitamente em sua estrutura e modalidade de arranjo essas duas forças da História, agindo como relação de produção de um lado e como força de produção de outro, encarnando a contradição ao mesmo tempo que é chamado a exercer um papel ativo de ordenação dos modos de encaminhamento.

Eis porque nas sociedades de classes, em que a estrutura e a forma do arranjo do espaço materializam o poder e o mecanismo de controle da classe dominante, o espaço tende a ter um papel conservador, intervindo diante dos momentos estruturais de transformação como um agente de freio. Mas na medida da correspondência desse arranjo com o interesse das classes sociais que se fazem as interessadas e beneficiárias das rupturas, o espaço pode intervir também como um agente de aceleração das mudanças. O fato é que no primeiro caso o fluxo do tempo fica emparedado na própria base espacial da sociedade, a estrutura espacial prendendo como um equivalente das relações de produção o livre desenvolvimento e difusão territorial das forças produtivas, ao passo que no segundo caso age no sentido contrário, liberando as portas do e fazendo realinhar e multiplicar a favor do desenvolvimento o próprio arranjo espacial, com reflexos nas relações entre os recortes de espaço, como nas relações intrarregionais e entre cidade e campo, e no todo das relações da sociedade.

O real-dialético

O espaço está, assim, sempre no centro da duração existencial, mostrando-se um espaço existencial tanto quanto o tempo existencial, uma vez que o espaço e o tempo são contraditários, mas coetâneos na História. Seja na forma da relação com a natureza, seja na da relação com os outros homens, o espaço geográfico é um universo movido pela unitaridade e contradição. Espaço e tempo, sociedade e História, homem e natureza, um não existe sem o outro. A organização de um é a organização do outro. Um se desenvolve por transformação do outro. A visualidade de um depende, se não se faz por intermédio, do outro.

Movendo-se como produto dessa dialética complexa, o homem age dentro dela como sujeito e objeto. Ao mesmo tempo. Intervindo e transformando o meio natural movido por suas necessidades, revela-se natureza. Convertendo seu intercâmbio com a natureza em forma total e organizada de relação histórica, revela-se sociedade. Orientando a totalidade do processo na forma dum ordenamento de território, revela-se espaço. Revela-se, assim, ele e o outro. Ser e vir a ser, ao mesmo tempo. Por isso é o homem o elo que faz e refaz, cria e recria o todo do existente, em caráter de continuidade e permanência.

É nesse quadro que a consciência se revela. A *práxis* consciente é o liame que o faz ser centro e periferia, parte e todo, tempo e espaço, História e sociedade, natureza e homem, numa dialética de migração polar de ser e não ser constante.

Inevitável, então, a presença e o papel da ideologia. É a ideologia que amanha o caráter classista da organização e ordenamento do espaço, mormente na quadra histórica do capitalismo. É ela que impõe o entendimento sem nexo, desconectado e fragmentário com que de hábito encaramos o que em verdade existe como pares dialéticos. E é a apropriação e mercantilização do espaço o epicentro do mecanismo lógico dessa ideologia que secciona o todo em pedaços inconciliáveis, dilui nessa fragmentação o caráter do espaço como espaço de vivência e adultera o sentido de existência do caráter ambiental real do espaço geográfico.

Armando Correa da Silva: ser e geossociabilidade em *Geografia e lugar social*

Geografia e lugar social é um livro de 1989. O tom ensaístico com que está escrito indica um projeto – já visível no propósito do texto *O espaço geográfico como totalidade*, de 1978 – a desenvolver-se mais à frente, mas nunca retomado em nível sistemático e normativo. Talvez porque sendo um projeto de exposição de uma ontologia geográfica, a busca do clareamento do conceito do ser espacial, núcleo do discurso, sempre insuficiente perante as exigências do autor, tenha-lhe tomado a maior parte do tempo.

É a essa busca que Armando Correa da Silva dedica *O espaço fora do lugar*, de 1978, e *De quem é o pedaço: espaço e cultura*, de 1986, publicados antes e depois, respectivamente, de *Geografia e lugar social*, e diversos textos publicados em periódicos, nos quais claramente aparece o plano do projeto.

O chão da Geografia

A Geografia, diz Silva, lida com o movimento que articula o natural e o social em suas relações metabólicas, a partir de como esse metabolismo se realiza como lugar social e de como esse lugar social por sua vez sobredetermina o *continuum* do próprio movimento.

O pressuposto da leitura é um duplo embutimento: a força de trabalho na força natural e a relação social preexistente dentro da relação natural, uma contida como possibilidade na outra. O contido é a potência que pelo processo do movimento metabólico se concretiza num salto de qualidade da História natural em História social enquanto expressão dialética do salto do reino da necessidade para o reino da liberdade. Um processo no qual o fazer e o autofazer-se humano é o ponto da gravidade.

Isso é possível porque o homem é o contido por excelência no real-material que é no fundo a natureza, o ser do qual o homem sai e para o qual sempre volta numa relação em espiral. E porque tudo se centra no e como processo do trabalho, no qual o homem transforma-se a si mesmo no mesmo momento que transforma a natureza, num processo de autoconstrução em que a natureza faz o homem e o homem faz a natureza assim surgindo a História.

Há, assim, uma relação de identidade e diferenciação que põe o homem no âmbito da natureza ao mesmo tempo que o autonomiza em sociedade no ato da autotransformação, que é, no fundo, a diferenciação da natureza em primeira e segunda com o homem como elo ôntico e ontológico. Primeira natureza num momento e segunda natureza no momento seguinte, o homem move-se nesse ser-estar por conta da sua condição de tema e fundamento da relação metabólica. E é esse e isso o lugar geográfico.

A Geografia tem visto a natureza ao mesmo tempo como um todo geral e uma particularidade localizada. O todo geral tem o sentido da totalidade das coisas externas que nos cercam, assim se confundindo com o Cosmos e a Terra. E a particularidade tem o sentido dessa natureza geral vista assentada na conformidade da organização espacial da superfície terrestre. O geral é o concreto-abstrato que tudo contém e tudo envolve. A particularidade é o concreto-empírico da natureza espacializada como superfície terrestre. Donde advém a noção da superfície terrestre como aquele todo abstrato da natureza geral, porém visto na dimensão cartográfica dos recortamentos espaciais da paisagem, lugar dos domínios de natureza enquanto unidades político-territoriais dos estados que transformam a natureza em Geografia física.

Envolvida nesse duplo, a natureza em Geografia então flutua, conforme se prende ou se descola da grelha formal do espaço geográfico, ora aparecendo por um prisma desgarrado e ora agregado na concretude singular de um pedaço de chão, aqui a natureza abstrata que se faz natureza empírica, acolá a Geografia política que se faz Geografia física.

Seja como for, abstrato-generalizada ou empírico-espacializada, a natureza no fundo é algo que se confunde a um campo de forças. E que se revela em sua estrutura na relação processual da transfiguração recíproca das esferas inorgânica e orgânica que é responsável pelo fenômeno da formação da vida e da morte em que o orgânico está contido como relação de possibilidade no inorgânico, assim como este naquele.

O homem é parte integrante dessas imanências. Um sujeito e objeto assentado no movimento bilateral do trabalho. O trabalho é um duplo: é um dado da natureza e por essa via também do homem. Campo de força, a natureza é um vir a ser automovente. Move-a a ação interna do trabalho realizado por si mesma como força natural, a força intrínseca que a faz um todo recíproco de possibilidades e em cadeia de desdobramentos, da vida no inorgânico, do homem na diferenciação da vida, da História social na História natural, da sociedade na natureza, derivados que são da força de trabalho humana contida como possibilidade na força de trabalho natural.

É nessa interface que surge o lugar social, o espaço da interface do homem. Um movimento de mão dupla. A força de trabalho intrínseca no homem enquanto força que o homem compartilha com a natureza vira ação consciente por intermédio da relação de sensibilidade. As necessidades naturais que impelem o homem a mover-se dentro da natureza mobilizam sua capacidade de sensibilidade numa relação de reação e ação sensório-consciente com o restante da natureza que leva a força de trabalho natural presente no homem como natureza a transformar-se na força de trabalho humana, a intuição virando razão, expressa como uma força conscientemente orientada para a produção e consecução dos meios de vida, num salto de qualidade do reino da necessidade para o reino da liberdade, ente e ser daí nascendo. Instaurado no plano da consciência humana como pré-ideação, o trabalho estabelece um *continuum* de movimento em que o natural-social e o social-natural se trocam como contidos recíprocos de condição de possibilidade, cujo resultado é a sociedade geograficamente organizada. É nesse momento que a natureza enquanto geral-abstrato e concreto-localizado ganha sua expressão de realidade espacial mais efetiva, o lugar social nascendo dessa dialética.

A determinidade geográfica

A natureza genérica e o homem genérico deixam de ser abstratos no real da diversidade da superfície terrestre e da superfície terrestre como diversidade.

O que antes de tudo faz da natureza e do homem Geografia é essa dimensão concreta de reais-localizados num ponto determinado da superfície terrestre. Mais que o fato de a força de trabalho do homem emergir da força de trabalho natural como resultado e processo do intercâmbio metabólico, é o lugar concreto que faz o homem emergir ontologicamente como ser e existência. O pressuposto é o metabolismo do trabalho. Mas a dimensão ôntica é o lugar do espaço, na medida em que a existência é uma interface da negação dialética da existência natural na existência social, o homem fazendo-se consciência a partir e na condição do quadro de transformação concreta do natural que é, no natural-social em que transforma enquanto dado-produto de sua própria História localizada.

Por isso o mundo aparece-lhe, desde logo, como paisagem e espaço. A paisagem fala-lhe da sua condição natural-social. O espaço da sua ação autocriadora. Isso porque paisagem e espaço falam do seu modo de produção, no fundo um modo de produção natural (a História natural do homem) que entre outros produz o homem, e da movimentação de transformação por ele mesmo, desse modo, de produção natural em um modo de produção social (a História social do homem) no curso do qual um modo de existência se explicita e se resolve num outro numa forma de existência mergulhada a um só tempo num e noutro.

O ser geográfico

O lugar surge, assim, como um ser geossocial, uma vez que a produção do espaço é a produção para si do homem, o em-si da natureza transfigurado pela consciência e o trabalho no para si da ação geográfica.

Esse ser tem duplo aspecto: é lugar e é interação entre lugares. O que significa uma relação tríplice: homem-natureza, homem-homem e além-distância. Isso porque o ser do homem só se define pelo ato tríplice do homem ver-se na natureza, ver-se no outro e ver-se na diferença da distância, um ato correlato ao de vencer o constrangimento do meio, o constrangimento do próximo e o constrangimento do distante, o vencimento dos constrangimentos que o transformam e afirmam o modo de existência do homem como geossocialidade e lugar.

AS IDEIAS E ESTRUTURAS DISCURSIVAS

São formas de pensamento, tal como temos nos clássicos do mundo, o que aí vemos. Formas próprias de pensamento que ao mesmo tempo que se nutrem daquelas fontes clássicas, as recriam e inovam de forma igualmente próprias e profundas de personalidade e conteúdo.

E são modos de pensar próprios que, entretanto, aqui e ali se entrecruzam, aqui no modo como expressam e formulam esse tema e ali como alcançam a equação teórica daquele problema.

As teorias

Há em cada obra um núcleo racional que se pode resumir de modo sintético. Num nome de batismo que já em si expressa de cada qual a essência e o modo como entre si se diferenciam.

A teoria biominerossocial de Josué de Castro

As insuficiências minerais dos solos são passadas para as plantas (naturais ou cultivadas) e essas e as águas as repassam para os animais e os homens. Ali onde a Geografia agropastoril se mostra inadequada, a carência mineral junta-se à carência vitamínica e à carência proteica, essa conjuminação de circunstâncias natural-sociais dando origem à fome. O envolvimento agrário é, então, a relação determinante, em função dele podendo-se ou não corrigir seja a carência mineral do solo, seja a vitamínica e proteica da Geografia da alimentação. No centro da determinação agrária está a forma da propriedade fundiária.

É a relação de propriedade quem determina a forma do uso do solo, a modalidade de cultivos e o tipo de arranjo e de interações para dentro e para fora do espaço agropastoril. A relação de repartição da riqueza produzida fica também aí determinada. É ela que determina a forma da Geografia agrícola, a definição desta como Geografia da alimentação, a possibilidade de esta, por sua vez, relacionar-se a níveis crescentes de desenvolvimento das forças produtivas e a interação de intercâmbio do seu espaço com outros.

Daí resultam as duas formas de fome: a oculta e a total. A fome total é produzida pela falta absoluta de alimentos, e a fome oculta pela subnutrição provinda das carências de elementos nutrientes. A fome oculta é a mais devastadora, por seu caráter de permanência. E são duas, principalmente, as suas componentes geográficas: o modo de uso do solo e a forma de arrumação do arranjo do espaço. O modo de uso do solo frequentemente despreza a correção carencial ou limita-a ao horizonte do interesse do proprietário. É o que acontece no âmbito da monocultura da cana, na Zona da Mata nordestina. E a forma de arrumação do uso do espaço descarta a possibilidade da compensação das deficiências natural-sociais através do uso diversificado e a troca correlata de produtos agrícolas e pecuários entre áreas de produção próximas ou de facilidade intercambiante, numa combinação de consumo das produções respectivas. É a área de monocultura que serve novamente de exemplo. Bem como o modo de organização geográfica de lugares como a Amazônia, que dissocia pela distância a localização das áreas agrícolas e pastoris entre si e com as do extrativismo. Tal já não se dá em áreas onde plantio e criação ao menos coexistem no uso do espaço, favorecendo uma combinação dietética *in loco* que compensa as insuficiências nutritivas.

O estado de carência mineral, proteica e vitamínica se agrava então no estado de carência de saúde, a Geografia da fome oculta se traduzindo numa Geografia da doença. Um quadro que se mostra, assim, o substrato da Geografia da morte, uma vez que a cartografia de uma vira a cartografia da outra.

A chave do problema está, pois, no modo de organização espacial da forma da Geografia alimentar, transformada, na História moderna, num hábito arraigado de uma dietética da precariedade, criada pelas estruturas socioeconômicas introduzidas com ela. Se não se muda uma, a estrutura econômica tornada uma cultura de comportamento, não se muda a outra, a dietética da deficiência inoculada como modo de vida.

Seu encaminhamento supõe um enfrentamento área a área, em que a Geografia natural e a Geografia social não estejam combinadas. As carências minerais (particularmente em ferro, cálcio e cloreto de sódio) determinam-se nas propriedades naturais dos solos, ao passo que as vitamínicas (complexos A, B, C e D particularmente presentes em frutas, legumes, verduras e cereais) e proteicas (carne, leite, queijo e ovos, no caso das proteínas animais) nas estruturas sociais do uso do solo. Tudo isso traduzido num hábito de regime alimentar que por definição é que regula o quadro de correlação do homem e do seu meio.

O fato é que o regime dietético ao qual a Geografia dos cultivos e a pauta da alimentação estão ligadas historicamente nasce das condições espaciais determinadas pela relação local do homem com as plantas e animais do meio, domesticados e adaptados às condições de clima e solo de cada pedaço de espaço, a relação com o tempo aí moldando um modo de vida com seus costumes e hábitos amalgamados num gênero de vida ou num complexo combinado de gêneros. Durante séculos a fio foi essa a Geografia dos complexos dietéticos. O desenvolvimento dos intercâmbios e a introdução de novas plantas a criações, aqui e ali apenas aperfeiçoava as formas de regime, aumentando o grau de determinação dos hábitos culturais e reduzindo os constrangimentos do meio existentes. Foi assim com a Geografia alimentar do arroz, do trigo, do milho, dos tubérculos. Esse quadro muda rapidamente com a introdução da agricultura mercantil, que troca os cultivos e os sistemas de cultivo em escala mundial crescente, introduzindo em cada canto um descompasso entre as formas locais de uso do espaço e as necessidades dietéticas mais prementes. As deficiências do meio e dos sistemas agrícolas afloram então mais fortemente, sem que se encontre nas formas dos arranjos do espaço o corretivo correspondente e ocasionando em escala mundial uma Geografia da fome até então desconhecida.

A teoria dos redutos-refúgios de Aziz Ab'Sáber

Os domínios de paisagem geográfica atuais são o resultado da combinação de formas vindas das trocas de condições ambientais do passado e do presente, com assento histórico nos acontecimentos dos períodos glaciares e interglaciares do Quaternário.

Na aparente incongruência de relações que essas formas têm com o presente se expressa o seu caráter de um palimpsesto. De modo que, no simples desacordo de correlações, revela-se o segredo de toda sua explicação.

As paisagens atuais são o repositório das correlações morfoclimáticas e vegetacionais das fases de glaciação-deglaciação pleistocênicas combinadas na contemporaneidade das condições climáticas do presente, nelas se encontrando paleoformas dos climas áridos e semiáridos do passado ao lado de formas correspondentes aos climas úmidos próprios do Holoceno, as paleoformas postas hoje a conviver lado a lado numa relação de discordância com as formas morfoclimáticas e vegetacionais recentes.

Essa combinação de formas de distintas épocas traduz uma agitada movimentação de mudanças de compartimentação vegetacional, morfogenética e pedogenética nas quais domínios de paisagem natural surgem e desaparecem, para mais à frente reaparecerem, como num movimento em desenho animado pelo qual evolui na tela do espaço geográfico a sequência dos recortamentos do espaço que se sucedem nos últimos 13 mil a 18 mil anos da História natural territorializada da superfície da terra.

No período de glaciação do Pleistoceno superior dominam a superfície terrestre os processos vegetacionais e morfopedogenéticos relacionados ao rebaixamento e recuo do nível geral dos oceanos, do avanço das correntes marítimas frias até baixas latitudes e da instalação do clima mais seco e frio e do ressecamento dos continentes daí decorrente que resultam das alterações globais do planeta. A semiaridez que então domina e se expande por todo o interior dos continentes provoca a retração das florestas e seu recuo para as poucas áreas de umidade remanescente, que aí permanecem por longo tempo na forma de ilhas de refúgio. Num sentido contrário, dá-se o avanço da caatinga e demais formações vegetais abertas como o cerrado e os campos, para instalar-se por entre planaltos, chapadas, depressões interplanálticas nas áreas abandonadas pelo recuo florestal, num domínio generalizado do espaço das áreas das faixas tropicais.

Processos fitogeográficos, morfoclimáticos e pedogenéticos próprios desse quadro fisiográfico de largo arco de escala têm então lugar. No Brasil, nas ilhas de refúgio dá-se um intenso movimento de adaptação recíproca de flora e fauna, seguido de especiações e subespeciações que levam a que no tempo se institua uma forte diferenciação de padrão e de composição estrutural entre elas. Nas áreas de vegetação aberta dá-se uma fragmentação e dispersão territorial da vegetação de campos e de cerrado, este último vendo sua formação clímax recuar paralelamente para nuclear-se numa área mais restrita do Planalto Central, num contraste com as demais formas degradadas restantes, ao mesmo tempo que a caatinga se consolida como a forma de vegetação dominante em todas as áreas. A facilidade que essa formação vegetal abre aos processos de desgaste erosivo e a característica de alternância térmica e de escoamento torrencial dos períodos chuvosos do clima semiárido vinculam o domínio territorial da caatinga a um intenso trabalho de morfopedogênese de forte efeito sobre o modelado da paisagem. Tem assim lugar uma ação generalizada de pediplanação, que é acompanhada da cobertura do solo por extensa camada de cascalheiro, aqui e ali recapeada de camada de areia branca fina, em todo âmbito de domínio do semiárido no interior do continente, ao lado de intensa atividade de escavação dos vales nas bacias voltadas para a vertente do oceano em sua busca de um nível de base fortemente rebaixado pela regressão marinha.

No período interglaciar do Holoceno todo esse movimento encontra o seu reverso, em face da intensa reumidificação que, então, tem lugar. As condições ambientais anteriores aos poucos se restabelecem, com o retorno do nível dos oceanos e dos limites latitudinais das correntes frias, tudo isso orientando o quadro fisiográfico, vegetacional, morfoclimático e pedogenético na direção dos processos e formas dum ambiente tropical quente e chuvoso. Assim, as formações florestais lentamente recuperam seus espaços, expandindo e coalescendo suas ilhas, incorporando as formações abertas na medida em que reexpandem para ocupar seus antigos domínios, engolindo-as como paleovegetação ao lado das paleoformas de natureza morfológica e pedológica que encontra. Também o cerrado avança sua formação clímax para seus antigos espaços, mas aqui e ali ficando ilhado, ao lado de áreas de formação campestre, como fragmento cercado de matas onde os solos não foram apropriados para o retorno das florestas. As caatingas batem, por sua vez, em sentido contrário, recuando, quando não são engolidas pelo avanço da floresta, para a inscrição territorial dos limites regionais em que antes era formação dominante. Ocorre em paralelo um intenso trabalho de morfogênese e pedogênese em ambiente úmido, marcado por forte processo de intemperismo químico e físico cujo desdobramento é a ação erosiva e sedimentar generalizada que recobre e relega a registro do passado a camada de cascalheiro do Pleistoceno e leva a paisagem a um movimento de remodelagem mais intenso em todas as áreas.

Os domínios de paisagem do presente são, assim, o amálgama desses momentos da História natural territorializada, expostos e lidos de modos distintos segundo as compartimentações territoriais em que eles se alojam, cada recorte de domínio trocando de lugar segundo esses dois momentos e cada paleoforma que contém sendo um documento de registro e reconstituição.

Particularmente importante, ao lado dos inúmeros enclaves e relitos, é o testemunho das linhas de pedra que subjazem as camadas de solos atuais, documentos de uma História natural territorializada que une passado e presente e de que a paisagem de cascalheiros do sertão nordestino do presente tem seu espelho retrospectivo mais claro. A concomitância de ilhas de vegetação, brejos, e planaltos arrasados e extensivamente cobertos pelo solo de cascalho, frutos de condições semelhantes ao ambiente do Pleistoceno, dá a medida hoje da História pretérita, a superfície cascalheira do planalto nordestino ilustrando o quadro de domínios naturais do passado, hoje soterrados pela avalanche do capeamento sedimentar e o envolvimento das formações florestais do Holoceno.

Mas, sobretudo, revela a complexidade estrutural e compósita dos recortes de domínios do arranjo geográfico atual, exposta na enorme diferença de padronagem das ilhas do Pleistoceno que se oculta na aparente homogeneidade visual das formações vegetacionais do presente, na fragilidade ambiental da incongruência das correlações e no papel fundamental da simultaneidade quaternária da História natural da Fisiografia e da História natural do homem que tudo isso representa.

A teoria do tempo pulsional do clima de Carlos Augusto de Figueiredo Monteiro

Clima é o ritmo de sucessão dos tipos de tempo determinado de um lado pela circulação secundária da atmosfera e, de outro, pelas atividades cotidianas do homem, em seus entrelaçamentos local-regionais de escala espaço. A superfície terrestre é o plano geográfico-concreto de sua constituição e ocorrência. E a duração, variabilidade e ritmo as categorias estruturantes de sua composição.

Embora visualizável em sua expressão matemática, não é o clima um fenômeno quantitativo. Antes, define-o o aspecto qualitativo. A seriação dos estados atmosféricos, o encadeamento sequencial, a sucessão dos tipos de tempo, o ritmo como forma de movimento, eis o que o caracteriza. Não a média estatística. Ou mesmo o tipo. Mas o *continuum* da sucessão rítmica. Daí seu estado de habitualidade. E sua natureza de entrelace com o cotidiano humano. Seu conteúdo social-natural.

Do mesmo modo, embora vinculado à escala da circulação atmosférica mais ampla, afinal é um fenômeno da atmosfera, determina-o a escala da circulação secundária, o movimento das frentes de massas de ar que se capta numa carta sinótica, mas que só se explicita nas e pelas interações com as atividades cotidianas do homem em cada área ou interações de áreas da superfície terrestre regionalmente demarcadas.

Assim, refere-se e remete a uma cartografia móvel, fixa em suas componentes estruturantes, como numa cartografia clássica, mas fluida e mutante em seu quadro espacial, distribuindo-se e redistribuindo-se em sua localidade a todo instante, nisso distinguindo-se do clima meteorológico, em face do qual se dissocia e interage como dois estados distintos em qualidade de atmosfera. A colagem na superfície terrestre e a presença determinante nesta das ações do homem fazem a diferença.

Tem-se, então, um clima do campo e um clima da cidade, o corpo das plantas e o corpo do homem exemplificando a constituição da tipicidade. No campo o clima é um insumo, um recurso que se vincula à Geografia econômica num todo único de integralidade. Na cidade é modo de vida, um estado sensório ligado à percepção geográfica, mediante a ambiência da cidade como um fenômeno de cunho urbano. Esses dois tipos de clima por sua vez se entrecruzam, no plano da escala regional, o fluxo diurno de energia se intercambiando entre os recortes de espaço de um e de outro, num típico caráter de relação cidade-campo de conteúdo climático.

Mais que um envoltório ou um plano da natureza sobreposto acima dos espaços humanos, o clima é por isso mesmo a própria ambiência – urbana, rural, regional –, a realidade geográfica do espaço orgânico sentido-vivido. Na cidade o dado da estrutura e formatação da ambiência é, de um lado, a reciprocidade da ação das componentes atmosféricas interno-externas do espaço urbano e, de outro, a sensibilidade da percepção humana, integrados pelas atividades correntes do dia a dia. Já no campo, o dado é a reciprocidade com as reações das necessidades do crescimento das plantas. Seja na cidade, seja no campo, o clima é a ambiência vista como um todo estruturado ao redor do fluxo-refluxo de energia em seu acasalamento como movimento da circulação, captado na cidade como um estado de conforto-desconforto humano e no campo como um estado fenológico das culturas.

Uma espécie de estrutura de abrangência envolvendo o movimento das frentes compõe a escala desses recortes de ambiência, reúne como numa rede os níveis de repartição de espaço, do local ao regional e para além, numa combinação de ordem de grandeza (táxon) e grau de organização (hólon), mas sempre tendo os canais de percepção local por referência. Entram aqui os consorciamentos da Climatologia e da Geomorfologia, estabelecidos ao redor da definição por esta última dos espaços de compartimentação e do poder de interferência dos sítios sobre a constituição dos canais de percepção, a Geomorfologia dando à Climatologia a base da qual se ergue o quadro ecológico conjunto da estrutura dos espaços de ambiência.

Uma combinação de recortes de contiguidade horizontal assim se estabelece com os níveis de taxonomia e organização, tendo os fluxos de energia em suas relações com os circuitos de circulação como matéria-prima de constituição por excelência, a exemplo das interações espaciais campo-cidade que se fazem uma ordem de unicidade regional, o campo interferindo no estado de conforto-desconforto das ilhas de calor e ilhas de frescor da cidade e a cidade influindo nas afetações econômico-produtivas do campo através do efeito fenológico do movimento térmico recíproco. Uma combinação de tipos, não de escalas de hierarquia, mais se referindo aos espaços de diferenciação do circuito circulatório das massas de ar que aos aspectos habituais de embutimento, que, ao fim, distanciariam e anulariam a percepção humana do ritmo de sucessão dos tipos de tempo do cotidiano e, assim, do estado de ambiência que é a característica do clima geográfico.

A teoria da renovação periférica do centro de Bertha Becker

São a performance e os processos de renovação da periferia que alimentam e revitalizam permanentemente a vida e a força de ação e os movimentos de mando do centro. E é esse perfil e elo dinâmico, disfarçados no movimento acumulativo do centro, o que une centro e periferia num todo sistêmico.

Centro e periferia se interligam numa relação de autoridade-dependência em que a periferia move-se subsumida no poder do centro, sem que isso, todavia, lhe tolha por completo as energias criativas. Antes, é o próprio centro que, cioso no apego de seu domínio, depende e usufrui dessa criatividade rebelde e espontânea da periferia. E é o controle do Estado o garante da perpetuidade e permanência dessa fruição de um mecanismo de desenvolvimento que só institucional e formalmente vem dos estímulos do centro, o que faz da relação centro-periférica tanto uma economia política do espaço quanto uma política econômica do Estado, espacialmente constituída. A política, mais que a economia, é o fundamento.

Trata-se, pois, de uma relação assimétrica: o centro organiza a dependência e a captura dos recursos da periferia, mas os impulsos inovadores vêm da criatividade de renovação espontânea que são da imanência e processualidades de vida próprias dessa.

Nesse sentido, o centro beneficia-se da própria diversidade de periferias que se engendra nessa combinação de economia política e política econômica do espaço. Diversidade de periferias que significa diversidade de excedentes, de espontaneidade de vida criativa, de formas novas de iniciativas que o centro captura e incorpora como realizações suas. O dinamismo do domínio se traduz como dinamismo de impulsos e iniciativas. Os registros ficam com o centro. É esse fundamento real de relacionamentos que se obnubila nas tantas teorias do tipo centro-periferia, difusão de inovações, crescimento regional, polos de crescimento que se multiplicam na literatura, escondidas por trás das políticas de industrialização recente.

Os aparelhos de infraestrutura e aparatos urbanos, correlacionados, são a base da política econômica do Estado que se faz economia política do espaço. As injeções de recursos se fazem ali onde as iniciativas locais estão a ocorrer ou se faça que ocorram, nesse mister predeterminando-se as cidades e o rumo do fluxo de confluência de captura dos excedentes, definidas essas cidades como os pontos selecionados de acumulação e centralidade de convergência que se queira. Tem sido essa a relação Sudeste-Brasil nas políticas de rodovias, comunicações e transmissão de energia desde os anos 1930, canalizando as energias criativas do Norte, Nordeste, Sul e Centro-Oeste para a centralidade do eixo São Paulo-Rio de Janeiro.

Todavia, as aptidões locais não só não são impedidas, como se afirmam. Sobrevivem embaixo da subsunção do centro e inovam as relações locais. Até por necessidade da periferia de permanecer existindo diante da adversidade de um desenvolvimento imposto de cima para baixo. Cultivam-nas uma espécie de acumulação primitiva e uma cultura de sobrevivência local que sempre logram acontecer, forçadas a promover formas de permanência próprias.

São formas que florescem à revelia da economia política do centro e da política econômica do Estado, reinventando modos gastos e nem sempre localmente correspondentes às suas formas de especificidade.

Paradoxalmente, são as próprias externalidades trazidas pelo centro o móvel dessas inovações. A iniciativa local delas se apropria, recria-as segundo suas necessidades e sob essa forma alterada incorpora em suas atividades, tomando sua energia própria como matéria-prima. E, então, gera sua forma de organização geográfica própria, recriando-a a cada momento, muitas vezes estimulada por um novo modo de entrada do centro. Quando não é o próprio centro que muda seu ponto de gravidade, alterando a localização, a forma de acumulação e o modo geográfico de organização estimulado pelo movimento da periferia, numa quebra de causação circular.

A teoria do tempo-espacial de Milton Santos

O espaço é um produto histórico que existe a partir da data da técnica que o constrói. Fora do contexto concreto do espaço a técnica é um dado apenas virtual. Incorporado ao espaço construído por seu intermédio, torna-se ela um dado concreto, uma potência de ação materializada na forma do objeto espacial. Data da técnica e espaço se relacionam assim nesse movimento processual de recíproca concreticidade. E é isso o tempo do espaço.

Nasce dessa reciprocidade a base da relação sociedade-espaço das fases concretas da História. O tempo da técnica ganha concretude na forma do espaço. O espaço repassa o tempo que a técnica lhe empresta para o todo da sociedade. E, assim, por sua intermediação, o espaço por sua vez produz a sociedade.

Há, então, uma relação sociedade-espaço que é um múltiplo de tempos. Cada objeto espacial é um tempo técnico determinado. E um tempo social igualmente distinto. Tudo isso entra na interação, que a sincronicidade da História faz inserir-se numa mesma rede de contemporaneidade e integraliza. Reunindo o tempo da técnica empiricizada nos seus objetos e o tempo social das relações da História que a cada contexto de época os aproxima e integraliza, o espaço é a síntese de todos os movimentos. Um fato que se expressa na natureza e datação desigual da paisagem.

Sociedade e espaço se determinam e se estruturam então reciprocamente nessa multiplicidade de linhas e fronteiras de temporalidade. Daí a tensão que os envolve. As linhas de temporalidade que embute são linhas de tensão, que o espaço passa para a sociedade como um todo. E são as temporalidades da técnica materializadas nas formas e funções dos seus objetos que assumem o lado mais dinâmico dessa relação. Não tanto pelo conteúdo temporal da técnica, mas por efeito da racionalidade que o impregna.

As ações são o impulso desse encadeamento de elementos. Por trás das ações estão os interesses enquanto projetos intencionais. A intencionalidade dos interesses atribui funções aos objetos. As funções se exercem através de suas formas. E são as formas que por suas funções realizam as ações, orientadas na intencionalidade do interesse. De modo que é o interesse orientado que ativa e reaviva a carga de ciência e técnica adormecida no objeto. E é em face dele que se dá a ação geográfica.

Essa ação pode ser um processo produtivo, uma reprodução de estruturas, uma interação entre áreas, uma regulação da totalidade. Seja o que for, por meio dela se faz o movimento de sobredeterminação do espaço à sociedade e à História. E na conformidade das linhas de tempo que formam sua estrutura. O que significa regê-la nessa diferença de temporalidades como um movimento de processo-forma espacial desigual-combinado, uma interação horizontal-vertical de relacionamentos que reproduz em cada lugar os estágios correspondentes da técnica que são próprios de cada recorte de espaço. Os objetos técnicos dos recortes de espaço mais avançados levam a sua técnica hegemônica para os recortes de espaço de objetos mais atrasados, essa relação hierarquizando os espaços.

Resulta dessa temporalidade desigual a relação sujeito-objeto com que se estruturam as sociedades, implícita na leitura da intencionalidade do espaço, em geral velada na ideologia da mentira funcional da paisagem.

A teoria do espaço-tempo dialético de Horieste Gomes

O espaço geográfico é o tempo materialmente organizado como espaço. Nesse movimento a matéria se faz natureza e homem. E que pelo processo do trabalho se une e se faz sociedade. Tempo e espaço se imbricam assim num *continuum* de reciprocidade, no qual tempo é espaço e espaço é tempo, enquanto formas de expressão da matéria em movimento.

Movendo-se dentro desse movimento, porque parte dele, o homem cria esse seu mundo amalgamado de natural e social que é a sociedade. Nesse ato, o homem age orientado pela consciência. E que retira esse poder de norteação por já em si a consciência advir das experiências anteriormente desenvolvidas pelo próprio homem no seu ato permanente de ir ao entorno natural para transformá-lo em modo de vida. O modo de organização espacial da sociedade surgindo assim como uma forma de condição consciente da existência humana.

É a realidade natural-social assim criada que vai reger daí para a frente o *continuum* do tempo-espaço. Mas agora como um movimento historicamente determinado pelas tensões e contradições que são estruturais do modo espacial de produção que lhe está na base. Tudo expresso num conjunto de pares de contradições (particularidade-generalidade, efeito-causa, realidade-possibilidade, forma-conteúdo, fenômeno-essência) e de categorias de espaço (coabitação, coexistência, distanciamento, extensão e ordem) que materializam essas contradições e passam a ser os parâmetros regentes do ser e do vir a ser desse modo de existência.

A mais determinante dessas tensões é a estrutura de classes. Aí a natureza e os produtos do trabalho são apropriados em caráter privado por uma classe, que intervém organizando o espaço geográfico como distanciamento, coabitação e ordem de dominação, de uma sociedade de classes.

Seja qual for a forma de sociedade, entretanto, rege-a no seu plano estrutural mais amplo a tensão que se passa na base entre as relações de produção e a marcha do desenvolvimento contínuo das forças produtivas, as primeiras agindo como o mecanismo de controle e as segundas como o eixo dinâmico do movimento para a frente. Uma tensão que quando não resolvida, ou resolvida de forma antagônica, como nas sociedades de classes, encontra seus próprios meios espontâneos de encaminhamento. Em geral, na forma de aguçados enfrentamentos, uma vez que a equação consiste em mudar a natureza das relações de produção desde os níveis institucionais de sua organização, o que nas sociedades de classes significa alterar os mecanismos de controle do dominante.

Nas sociedades de classes as configurações do espaço atuam como um enrijecedor do papel conservador das relações de produção. Materializado tanto como força produtiva, na forma das fábricas, meios de circulação, usinas hidrelétricas, fazendas e outros meios de produção e de infraestrutura enquanto capital fixo e circulante objetificados, quanto como relação de produção, na forma da propriedade das forças produtivas, instituições reguladoras das relações de interface, formas culturais de vida e comportamento enquanto conjunto de regras e normas de controle classista, o espaço vira ele mesmo fonte de tensão permanente, não raro agindo mais como mecanismo de controle que impulsor de desenvolvimento.

Já nas sociedades não classistas, as configurações atuam como frente de abertura dos ajustes das forças e relações de produção em caráter permanente, o consenso social, materializado numa estrutura de arranjo espacial em tudo flexível, definindo os momentos e modos de reciprocidade de adequação, o espaço aqui agindo mais como uma força de mudanças constantes que de freio.

Seja como for, revela-se nessa tensão de base estrutural a própria essência do modo de ser do espaço e do tempo como par dialético do movimento da matéria na História desde o dia a dia do cotidiano do homem dentro da dialética da sociedade e da natureza de que faz parte como objeto e sujeito. Aí, espaço e tempo trocam de lugar permanentemente, numa sobredeterminação recíproca em que o espaço é expressão do tempo no mesmo momento em que o tempo é expressão do espaço enquanto formas do movimento da matéria em suas transfigurações recíprocas de sociedade-natureza contínuas e intermitentes.

A teoria da geossociabilidade do ser do homem de Armando Correa da Silva

O homem é um ser geossocial, uma determinação da geossociabilidade que ele mesmo cria num processo de História. A determinação geossocial, uma sobredeterminação, é a resposta que ele dá à tensão dialética da necessidade-liberdade vinda de sua dupla condição de ser História natural e História social a um só tempo.

Embora a geossociabilidade ocorra dentro de uma estrutura social historicamente definida, o homem nasce um ser natural. Premido pelas necessidades dessa condição, ele é impelido a um movimento de autorreprodução que o transforma num ser social, autofazendo-se como ser no mesmo ato em que se geossocializa.

O autofazer-se do homem é, então, a essência desse movimento de geossociabialidade. O móvel é o processo do trabalho. É o trabalho a relação de intercâmbio cotidiano na qual o homem troca suas forças naturais pelas forças dos outros entes naturais como ele, num processo intranatureza que o converte de um ser natural em um ser social, natural-social e social-natural sendo a interface de deslocamentos entre sociedade e natureza que daí em diante deve fazer como forma de realizar em caráter permanente a liberdade das necessidades. Mas se o trabalho é o móvel, a autotransformação é o fundamento ontológico. O homem transforma a natureza transformando-se a si mesmo nesse intercâmbio metabólico. E funde nesse processo a História natural e a História social, mediante o qual ele se integraliza e supera seu duplo. E se a autotransformação é a ontologia, o espaço é a categoria ontológica por excelência do homem como ser geossocial, na forma do lugar.

O lugar geográfico surge, assim, como um lugar social, o lugar antes de mais nada concreto e concretizador da geossociabilidade. Forças históricas dessa geossocialização, o trabalho e a autotransformação são processos localizados na superfície terrestre, o espaço no qual natureza e homem se enfrentam e se dialetizam mutuamente como reais empíricos. E de onde o homem se lança e alça à condição de particularidade e universalidade a um só tempo. A localização é a determinação ecológica da particularidade, que o trabalho geossocializa e lança à universalidade. Aí o homem se reproduz, exercita e realiza seu movimento de *autopoiesis.* Cada momento de hominização do homem pelo próprio homem através do trabalho aí começa, aí se concretiza e aí o configura como gênero. Porém, movido pelas necessidades naturais, convertidas culturalmente em naturais-sociais e sociais-naturais, orienta-se pelo princípio da ideação. O fruto mais conspícuo da própria geossociabilidade.

Esse é o processo do lugar social, o contexto do qual nasce e o caráter geográfico com que se define. Cada localidade torna-se então um lugar social, lugar concreto e do concreto, cada lugar social expressando num modo de particularidade a universalidade do homem como ser geográfico na História. Lugar como a forma de ser geográfico do próprio homem como *autopoiesis.*

Lugar geossocial, o lugar geográfico é o modo de ser espacial do homem, o espaço que define o seu modo de existência e assim o define como ser ontológico. O próprio modo de vida do homem, pois.

O modo de vida é então o modo de ser do lugar. E vice-versa, em razão de o modo de vida expressar a síntese das determinações da diversidade social-natural das localizações diferenciadas do lugar social. E onde a diversidade do natural-social e do social-natural enquanto interfaces do caráter uno da geossociabilidade encontram sua melhor expressão dialética.

O fato é que o homem geolocalizado é a face que expressa a dimensão a um só tempo social e natural da totalidade complexa com que se define a geossociabilidade. Não se pode ser social se não se é natural, e não se pode ser natural se não se é social, em se tratando do modo geográfico de ser do homem. Há um modo de produção natural e um modo de produção social que se revezam continuamente na *autopoiesis* do homem. O modo geossocial de vida, e o modo de vida como um modo geossocial, definem seu modo de existência. A condição geossocial é o segredo dessa ontologia.

As linhas de força

Um diálogo implícito e um projeto explícito entrecruzam os fundamentos dessas teorias. Há um ou mais focos que aproximam e distanciam os enfoques, fruto do compartilhamento seja da mesma matriz originária geral, seja da mesma conjuntura de época da História brasileira.

Josué de Castro e Bertha Becker: a prevalência da estrutura espacial

Castro e Becker são compartilhantes do efeito determinante das estruturas espaciais sobre as estruturas relacionais que teorizam, Castro a relação dietética-nosologia e Becker a produção-expropriação do excedente. Em Castro o foco é a relação sociedade-natureza e em Becker a relação sociedade-espaço, o espaço sendo mediação estruturante em Castro e em Becker a própria estrutura.

É o formato do arranjo espacial da Geografia alimentar a determinante que pesa em Josué de Castro. O efeito da carência mineral do solo pode ser solucionado ou antes gerado e mesmo agravado por esse arranjo, como no caso da Zona da Mata nordestina, na qual em princípio não há carência mineral do solo, mas é uma região flagrada pelo surto de geofagia. Já na Amazônia a carência mineral do solo se consolida e se reforça na carência vitamínica e proteica da Geografia econômica, por conta de um arranjo de espaço agropastoril que se dissocia do arranjo regional global assentado nos recursos da floresta e impede a reciprocidade compensatória que viria da interação desses espaços.

Pesa, tanto na Zona da Mata nordestina quanto na Amazônia, o caráter privado da propriedade fundiária, causadora do modelo do arranjo agropastoril de ambas.

É também no plano do arranjo, agora do nível supraregional, que pode vir a compensação superadora ou equilibradora das carências, mediante a interação espacial entre as regiões por meio da troca mercantil de seus recíprocos produtos. Pesa aqui, porém, o efeito da organização dos meios de transferência. Entende-se por isso a expectativa que Castro põe na urbano-industrialização do espaço nacional, em geral sempre acompanhada do desenvolvimento e irradiação em rede dos meios de transportes, comunicações e transmissão de energia pelo todo do território.

Castro está pensando no contraponto do efeito combinado da propriedade privada e subdesenvolvimento, levando para o quadro global, em generalização, a Geografia da fome imperante em nível regional, e que a urbano-industrialização pode ajudar a superar.

Tanto a fome conjuntural, a inanição, quanto a fome crônica, a subnutrição, encontram no subdesenvolvimento seu quadro mais completo. A inanição, em princípio, seria no sertão nordestino um acontecimento cíclico relacionado aos ciclos climáticos, um fato em si evitável. Bastaria, para isso, a prática da guarda de provisão de um ciclo para o outro. O regime de propriedade monopolista torna-se, entretanto, um fato social permanente. É o que explica a ocorrência da fome na Zona da Mata, consequente de ciclos de safra e entressafra da monoprodução açucareira. Daí o contraste de época no sertão, o período chuvoso mostrando a possibilidade de evitar-se a fome do período seco, acontecendo, ao contrário, de a fome esticar-se pelo ciclo chuvoso adentro por efeito do monopolismo pecuário, dando aí origem tanto à subnutrição, na contramão do regime dietético sub-regional, quanto à inanição permanente e com isso transformando o sertão numa das áreas mais subdesenvolvidas do mundo.

Latifúndio e subdesenvolvimento fundem-se, assim, em todo o Nordeste. De um lado, pelo solapamento do uso produtivo do solo pelo monopólio fundiário açucareiro da Mata, e pecuário, do sertão, dando origem à fome em escala regional. De outro, por efeito da paralisia do desenvolvimento das forças produtivas, limitando seja o aumento e diversificação da produção, seja a capacidade de interação pelo desenvolvimento dos transportes dessa produção interna e externamente ao Nordeste.

Também em Becker o formato do arranjo espacial é um fato determinante, porém aqui em mão dupla, de um espaço urbano-industrialmente organizado em centro e periferia. O Brasil de 1946 e o de 1982 confrontados. A arrumação da rede de fluxos emana do centro e organiza em função dele as relações da periferia. Desde o período colonial foi essa a relação. Na Colônia era um espaço em "ilhas" que atuavam como periferia de um centro mundial, orientando as interações espaciais para fora. No período industrial é o espaço em regiões que complementam o centro localizado em São Paulo, numa interação para dentro.

Centro-periferia é assim um modo de arranjo destinado a eternizar o mundo do centro. Todavia nem sempre na concordância absoluta da periferia. Que sempre faz valer o peso de suas iniciativas. Nem todo excedente historicamente evade para o centro, parte circulando por dentro da periferia para alimentar uma espécie de acumulação primitiva local que mantém a periferia ativa e se movendo autonomamente em algum grau. O que confere um caráter rígido-flexível ao espaço brasileiro a um só tempo, de modo surpreendente para as teorias.

A fronteira amazônica é um desses exemplos. O fato acumulativo local e a mutabilidade constante do mapa dos povoados dos anos recentes é o dado do arranjo do espaço mais característico, o capital local se reproduzindo na mesma escala da fronteira em movimento.

É, por sinal, esse arranjo espacial contraditoriamente espontâneo e controlado o segredo do desenvolvimento capitalista brasileiro, o conceito de fronteira e de frente pioneira de Becker lembrando a teoria de Waibel. O que talvez explique o prefácio de Valverde, um waibeliano típico, ao *Geopolítica da Amazônia* de Becker.

E o motivo porque a política econômica do Estado e a economia política do espaço aí se acomodam em reciprocidade tão facilmente. Este amálgama que espelha o papel antes de tudo de determinação da política sobre a relação sociedade-espaço no Brasil, a economia mandando sobre essa relação, mas movendo-se nas regras da política. E que lembra um ponto de inflexão de Becker agora com o conceito de cidade de Geiger.

A natureza flexível e ajuizante do arranjo do espaço se afirmaria nesses dois exemplos, não fora o caráter mutante do centro de gravidade geográfica do próprio centro. Uma constante na História espacial do Brasil. É o Nordeste açucareiro o polo de mando inicial da Colônia, no século XVIII. No correr dese século e em todo o correr do século XIX esse centro escorre para o Rio de Janeiro e as nebulosas de mineração do planalto centro-mineiro, num papel de novo eixo político-econômico. No século XX escoa novamente, dessa vez para se fixar no polo cafeeiro da São Paulo capitalista. A criatividade autônoma da periferia, a despeito mesmo da rigidez do controle do centro, responde por essa flexibilidade macro e micro do arranjo do espaço no tempo.

É nessa interface de rigidez-flexibilidade que talvez se distingam Castro e Becker em suas leituras das determinações espaciais. O latifúndio impõe uma rigidez, ali onde a acumulação do capital flexibiliza, considerando que no Brasil ambos vivem do excedente. Uma distinção que sugere o embate do feudalismo e capitalismo que domina justamente este intercurso de praticamente quatro décadas que separa o livro de um e de outro. Substância teórica da *Geografia da fome*, de 1946, da *Geopolítica da fome*, de 1951, e de *Sete palmos de terra e um caixão: ensaios de um Nordeste explosivo*, de 1966, numa explicitação sucessiva de transparência, a inflexibilidade estrutural e a ligação genético-estrutural do latifúndio e do subdesenvolvimento é a chave dos problemas em Castro. Já o tema de Becker na *Geopolítica da Amazônia*, de 1982, é precisamente o problema da rigidez-flexibilidade estrutural da solução capitalista, aparecendo quando já não mais há as determinações do pré-capitalismo.

Sob uma certa forma, há uma extração de valor teórico-metodológico essencial nessa forma de encarar-se a análise do real pelas armas geográficas do arranjo do espaço. Não há como descartar a inscrição a um só tempo mental e político-econômica da relação estrutural. Castro olha de uma perspectiva que projeta o desenvolvimento do capitalismo sobre a solução dos problemas, materializando, por exemplo, no valor interacional e na instalação das condições da interação compensatória o elemento portador das possibilidades. Becker olha o Brasil já capitalista, espacialmente interativo e integrado, balanceando os temas e equações que vêm com ele. Pondo à margem o confronto de perspectivas, tal a distância dos projetos e olhares de Brasil de Castro e Becker, fica a impressão de que a pura e simples análise de totalidade é insuficiente, se o enigma Brasil não está de antemão contemplado.

Milton Santos, Ab'Sáber e Monteiro: as determinações da temporalidade

Milton Santos, Ab'Sáber e Monteiro se alicerçam no dinamismo das escalas de tempo: tempo espacial, tempo natural territorializado e tempo pulsional localizado, respectivamente.

O acontecer solidário, a simultaneidade evenencial, é o conteúdo concreto das estruturas do espaço em Milton Santos. Organizado e fluido em seu movimento em feixe de paralelas e de duração desigual, o acontecer solidário extrai da ação unificadora do espaço seu caráter de intervenção simultânea. Cada acontecimento tem sua escala de tempo. E ocorre na individualidade do seu fluxo próprio. Ao convergir para um mesmo ponto de espaço da superfície terrestre é, entretanto, aí aglutinado e posto a mover-se na simultaneidade dos outros acontecimentos, o lugar da ocorrência tornando-os interligados num acontecer solidário.

Essa simultaneidade se materializa nos objetos do lugar. Assim, cada objeto espacial sintetiza em si essa ação conjugada de tempos individuais e desiguais em duração. E mobiliza e ativa as relações fenomênicas na medida desse múltiplo de escala de tempos que aglutina. A convergência desses vários objetos na paisagem do lugar, fazendo desta paisagem a contemporaneidade de tempos desiguais, cria em cada canto um complexo paisagístico. E é com esse caráter de palimpsesto que o espaço expresso nessa paisagem intervém em cada sociedade.

A datação da técnica é a fonte desse múltiplo de tempos. Datada, a técnica é a portadora do tempo. Ao construir um objeto espacial, a técnica transfere-lhe sua data, a data da ação em simultâneo com a data de origem, fazendo do objeto uma forma-conteúdo. Essa datação da técnica objetificada é o tempo-espacial.

O tempo-espacial é o tempo técnico guardado no objeto. E é essa datação posta nos objetos que faz deste um todo de potência e de possibilidade de ação. Um prédio hospitalar instrumenta ações no limite e na potência da engenharia elétrica e do material que contém, suportando a funcionalidade das ações cirúrgicas e operacionais do dia a dia na medida dessas condicionalidades. Ultrapassar esse limite significa ter de reordenar o objeto, reformando o prédio ou reconstruindo-o no quadro técnico de uma engenharia elétrica e de materiais novos. Isso vale para todo um espaço urbano, agrário ou total de um Estado-nação.

É essa condicionalidade de potência que vincula espaço e evento. E determina o horizonte do acontecer solidário.

Aqui se clarificam o lugar e o mundo enquanto formas e escalas do modo de ser espacial do presente. Os recortes do espaço globalizado distinguem-se por suas datações técnicas. Há recortes de espaço mais atrasados e mais avançados tecnicamente, como os prédios de uma cidade, essa diversidade encarnando diferentes potências de possibilidades de ação. Isso os difere em papel de potencialidade, os espaços de maior potência de ação indo tender a ascender sobre os de menor potência, hierarquizando-se e superpondo-se numa relação de espaço hegemônico e espaço hegemonizado. A interação desses recortes vai entrecruzá-los, a globalização se organizando espacialmente no seu todo segundo o modo como esse entrecruzamento se dá em cada lugar. O lugar global surge da combinação dessa relação global que lhe chega e da relação própria que contém, verticalidade e horizontalidade se entrecruzando e se materializando em cada qual de um modo próprio.

A natureza é História natural territorialmente materializada em Ab'Sáber, o espaço encarnando uma temporalidade que é tão fluida e fixa, histórica e evenencial quanto em Milton Santos, mas em Ab'Sáber distinguindo-se segundo as compartimentações espaciais dos domínios naturais.

Os fatos fluem segundo seus planos de qualidade e duração, antes de assentarem-se no seio seja de um todo abstrato, seja de um recorte concreto. Há o tempo geológico, o tempo geomorfológico, o tempo climático, o tempo geobotânico, o tempo humano, as temporalidades singulares. E essa distinta escala de temporalidades é o que se vai conjuminar no amálgama dos domínios de paisagem, com seus compartimentos distintos de espaço. Cada fato é, assim, a um só tempo elemento individual e dado de um complexo nesse âmbito de domínios.

Não fluem separados, mas não fluem numa mesma duração e por isso não são os mesmos os seus efeitos sobre a constituição da paisagem. Há que assim considerá-los e que assim vê-los. A duração geológica é mais longa que a geomorfológica, que a climática, que a geobotânica, que a humana, e assim sucessivamente. Como também seus efeitos. E a intervenção sobre os espaços supõe antes conhecê-las nesse dúplice de propriedades. Atuar é coordenar a simultaneidade dos acontecimentos.

Acentua-os a presença humana, seu tempo de curta duração, seu poder de reequilíbrio e a velocidade de sua capacidade de mutação. De forma que atuar na sua medida de tempo é coordenar o movimento desigual de durações, a mais curta e a mais longa, mexendo nele, mas mantendo sua frequência. É exatamente essa a perspectiva das heranças, Ab'Sáber aqui se encontrando com Quaini diante da ação das comunidades e com Tricart diante da questão das escalas.

Só nessa referência de escala pode-se pensar os domínios de paisagem como uma superposição de acontecimentos, a paisagem estrutural e morfoclimática sobrepostas entre si e subpostas à geobotânica, a paisagem humana sobrepondo-se a todas elas. É o que temos, nos domínios naturais vistos na perspectiva dos redutos do Pleistoceno.

A paisagem morfogenética é a de duração mais longa, em face da presença determinante da morfologia estrutural, o tempo das camadas geológicas se alongando sobre o das formas topográficas da paisagem. Em si mesma, a morfologia estrutural é um acamamento de tempos distintos, esta temporalidade desigual exprimindo-se em muitas das características físicas e químicas de suas rochas e camadas rochosas cujo reflexo é o visual do relevo. Mas é também a morfologia climática um múltiplo de tempos, expresso no visual das mesmas formas e nos processos erosivos e tipos de depósitos de sedimentos, por conta agora das diferentes épocas climáticas aí materializadas e de que os detalhes visuais são registros. E esses registros são a melhor síntese dessas duas séries de temporalidade, a morfoestrutural e a morfoclimática, que se amalgamam como uma só na anatomia e fisionomia da paisagem vista nos e como distintos compartimentos de domínios naturais do espaço. A paisagem geobotânica é de duração intermédia, em face do vínculo de entrecruzamento que os processos de vida, botânicos, mas não só, têm com o bloco de temporalidade morfogenético. As múltiplas temporalidades do primeiro bloco se fundem agora com as múltiplas temporalidades do segundo. Também aqui os registros visuais estão presentes, particularmente nos documentos que instrumentam as narrativas dos redutos do Pleistoceno, a paleobotânica ilustrando a duração da média temporalidade do segundo bloco. A paisagem humana, ou da natureza humanizada, a segunda natureza, por fim, é de duração curta, em face da rapidez com que a presença da técnica que a gera e também modifica. E se também aqui as temporalidades dos outros blocos se apresentam acumulativamente, são as do segundo bloco as mais intervenientes, as temporalidades do inorgânico formando uma espécie de sombra longínqua. Aqui é onde Ab'Sáber mais se aproxima de Tricart, mostrando o quanto a teoria do refúgio e a morfologia climática apensa à teoria integrada de seu mestre se consorciam.

O tempo é, por fim, pulsação de ritmo em Monteiro. A temporalidade aqui se acumula na própria sucessão da curta duração. E isso tanto do movimento climático, a circulação secundária no caso, quanto das atividades do homem, duas modalidades de curta duração que se fundem na ordem do cotidiano.

É na dimensão do cotidiano que a escala de tempo vira escala de espaço. E isso pela presença determinante da ambiência e do instante, duas dimensões espaciais por excelência. Acresce que a relação homem-meio é, de um lado, o eixo do conteúdo e a relação do cotidiano é, de outro, o eixo estruturante, o espaço do cotidiano ordenando os canais da percepção ambiental dos homens.

É a presença espacial que por sinal introduz o diferencial cartográfico, por distinguir-se o clima segundo o tipo da ambiência, seja a urbana da cidade, seja a rural do campo. É um o cotidiano, bem como a relação homem-meio, em um espaço rural. E outro em uma cidade. Mas se no campo o cotidiano é o elo econômico, na cidade esse elo é o modo de vida social. O clima é um insumo básico da agropecuária e a sazonalidade climática o elemento determinador por definição da duração do tempo no campo. Esse somatório determina aí a natureza, a escala de sucessão e o ritmo de pulsação do tempo, e assim as características e o tipo de clima. Já na cidade o clima é um estado de sensação e a diuturnidade do cotidiano o elo da duração, o somatório aqui formando um vínculo entre a percepção e o espaço vivido que é a própria essência do clima urbano.

Daí vem o clima regional. O intercâmbio de energia que flui entre o campo e a cidade ali onde estes formam um mesmo pedaço de espaço, a exemplo das cidades de porte pequeno e médio, leva a que esses dois recortes de espaço interajam e suas modalidades de clima se unam no todo regional. Clima urbano e clima rural se movem nesse plano então como duas faces de uma mesma moeda, numa percepção de tempo-espaço que aproxima o conceito de pulsão de Monteiro ao das temporalidades de fixos-fluxos de Milton Santos e Neil Smith.

É quando a temporalidade de Monteiro atinge seu ponto de especificidade. O circuito da circulação atmosférica, restrita à circulação secundária seja no âmbito do clima rural, seja do clima urbano, é erguido a um patamar ainda de caráter secundário no âmbito do clima regional, tendendo a ganhar sucessivos níveis que, dissociados desse plano de localidade, perdem seu sentido de geograficidade. O erguimento crescente da ordem de grandeza em que a escala do cotidiano humano ganha uma qualidade de nível sempre crescente abre para um quadro de temporalidade de crescente generalização, com o risco de, a um dado ponto, não mais contê-la. Mesmo nas condições da globalização. Todo esforço de Monteiro é o de enquadrá-lo nas terminologias de um táxon e hólon que lembram as escalas de grandeza de Tricart e Lacoste, deles, porém, se distinguindo, embora se aproxime do conceito dos espaços em migalhas da espacialidade diferencial do segundo.

É que em se falando de clima geográfico, não se trata de partir do nível local para níveis de escala sistemática sucessivamente maior, até um geral que se confunda com a própria circulação normal, aí perdendo-se a variabilidade e a habitabilidade que definem a pulsão rítmica sem a qual o clima em Geografia não existe, vira clima meteorológico. Até porque é na pulsão rítmica que tempo climático e tempo societário se encontram, um atributo do espaço vivido, e então francamente localizado na superfície terrestre.

Silva e Gomes: a troca metabólica e a hominização como **autopoiesis**

Silva e Gomes, por fim, extraem da própria relação homem-meio o tema comum de seus pensamentos: o homem como ser autopoiético. A *autopoiesis* é o trajeto e o sentido que para ambos orienta e essencializa o fato geográfico, Silva centrando seu foco no movimento do metabolismo e Gomes no caráter entificador do espaço.

Há para Silva uma relação do homem que se faz natural e social já a partir da natureza em face da presença já dentro dela do trabalho. Trabalho como intercâmbio de forças intranaturais. A natureza é um campo de forças cujo movimento é o processo histórico de autoelaboração do qual emanam todos os fenômenos naturais, o homem incluído. A força de trabalho é uma dessas forças e a base de um modo de produção natural. É uma propriedade da natureza da qual faz parte a força de trabalho do homem. E que nele se combina à particularidade de um enorme poder de sensibilidade corpórea. E, assim, de atingir no e através do trabalho um estado de autoconsciência que os demais seres naturais não têm. É essa relação sensível que no ato do intercâmbio da força natural do homem com as demais forças naturais faz a diferença.

O ponto fundamental da diferença é o princípio da ideação, a capacidade do homem perceber e formular em projeto sua ida ao intercâmbio metabólico, transformando a natureza em meios de vida na consciência de estar dando um salto do reino da necessidade para o reino da liberdade, saltando da História natural para a História social de si mesmo. É o trabalho a relação de base que o faz saltar de um reino – o da necessidade para o da liberdade e o da História natural para a História social –, para o outro, transformando a si mesmo ao mesmo tempo que transforma a natureza.

De modo que seu âmbito é o da ontologia humana. É dentro dele que a sensibilidade, a percepção do horizonte do necessário e do possível, o poder de princípio da ideação e a consciência do salto da liberdade da necessidade se manifestam. E, assim, o homem se hominiza. É a consciência do trabalho que dá ao homem a consciência de que a sua hominização é um produto de si mesmo, dele como sujeito e objeto de sua própria história, o homem hominizando-se a si mesmo através do trabalho.

Fato que se dá no âmbito do trabalho, isso significando da relação de intercâmbio do homem e da natureza, a hominização é por isso mesmo um ato geograficamente localizado. É o âmbito local o ambiente do salto. Mas um ato de construção local que já nasce com o atributo da universalidade, dado fazer-se em todo e qualquer lugar como um ato de autofazer-se, mudando o modo e a estrutura como se faz, em função das condições locais. As condições naturais de que os homens partem e os homens que com elas se relacionam para a transformação são elementos de condição local, mesmo que ocorram embaixo de condições de escalas gerais. Cada local distingue-se do outro por esse quadro de composição, multiplicando-se na superfície terrestre formada numa miríade de localidades.

O modo de vida que o homem constrói, localmente e na relação interna dessa miríade de localidades, traz a marca das ambiências, distinguindo-se do outro nos hábitos, nos costumes, no idioma, nos regimes alimentares, as condições naturais e os traços sociais se integrando num modo de ser, modo de vida e modo local de ser se conjugando.

De forma que a relação metabólica se projeta, assim, numa geossociabilidade. E é essa geossociabilidade que, distinguindo os homens socionaturalmente segundo seus modos de vida locais, faz de cada local um lugar social.

O lugar social é um fato de diferenciação geográfica, Silva lembrando o conceito de organização espacial das sociedades por diferenciação de áreas de Hettner. Um fato que se dá segundo cada forma de momento da História. É dentro dele que o modo de produção natural se transforma no modo de produção econômico-social, numa reversão de determinações em que o caráter das relações desse modo de produção econômico-social passa à condição de relação sobredeterminante das relações metabólicas daquele. E é na forma dele que o metabolismo homem-natureza se dá e se concretiza como História, a sua diferença servindo como a referência que mapeia o espaço do planeta como uma corografia de lugares sociais.

Em Gomes, é o processo de transfiguração desse metabolismo em espaço o tema geográfico por excelência. Para ele, um processo em que o espaço e o tempo surgem como as formas por meio das quais a matéria em movimento se objetifica nas coisas do mundo, coisas naturais e coisas sociais.

Desde o começo e ao longo do movimento processual o espaço e o tempo interagem como formas de expressão da matéria. O espaço sendo a matéria constituída em objetos. E sob essa forma o modo de existência concreta do tempo.

O espaço move-se em simultâneo, no ato mesmo do movimento da matéria. O que significa mover-se em consonância com a ordenação e organização da natureza e da sociedade, o espaço ordenando e organizando a natureza e a sociedade como tempo concreto. E, assim, de um lado como História natural e de outro como História social, a considerar-se a presença do homem. Eis porque, desde que o homem existe, natureza e sociedade nascem e se organizam juntas e a um só tempo como espaço e tempo.

São os modos de produção, entretanto, o fio condutor desse movimento espaço-temporal. O eixo que entroniza natureza e sociedade num mesmo processo de História. E o substrato é a divisão territorial do trabalho. O trabalho é uma relação entre o homem e a natureza, uma relação intranatural ao mesmo tempo que intrassocial de troca de forças que se faz dentro e nos termos duma divisão territorial do trabalho dada. A relação que traz a troca metabólica do âmbito da interação homem-meio para fazê-la expressar-se como relação de organização espacial. De modo que são como que planos simétricos. O que se passa no plano metabólico é o que se passa no plano espacial: as relações de um são as relações de outro, as tensões de um são as tensões de outro, embora sob formas distintas de qualidade.

De particular importância é a tensão vinda da contradição entre forças e relações de produção que atua como o motor geral de qualquer sociedade na História. Gomes encontra-se aqui com a dinâmica de aceleradores e freios do conceito de situação de George, no caso a que projeta as forças produtivas como aceleradores e as relações de produção como freios. E com a noção de regulação de Harvey e de toda concepção do espaço como categoria da reprodução que vem de Lefebvre, na projeção da função que leva as relações de produção a regular a reprodução das forças produtivas no horizonte-limite delas próprias, com a propriedade de na teoria de Gomes o espaço encarnar contraditoriamente as duas funções, tensionando a sociedade ao mesmo tempo como acelerador e freio.

A hominização para Gomes se faz dentro desse parâmetro, numa complexidade que adiciona o papel nem sempre simplificador do espaço.

A prevalência da estrutura espacial, as determinações da temporalidade e a troca metabólica acrescida da hominização são três campos de entrecruzamento em que podemos inverter as composições e fazer multiplicar ao infinito o pensamento desses sete autores interminavelmente. Assim, são as relações metabólicas que estão presentes no tema da Geografia da fome de Castro. A presença determinante do espaço cruza Gomes e Becker ao redor da temática dos processos de extração excedentária dentro e fora das fronteiras da relação do centro e da periferia. Poderíamos, por outro lado, pôr Gomes no mesmo referente de temporalidade de Milton Santos, Ab'Sáber e Monteiro, a marcha espaço-temporal de Gomes marcando no diálogo o compasso seja do acontecer solidário, do acamamento das escalas ou do ritmo de sequência dos tipos de tempo, respectivamente. A geossociabilidade de Silva está no mesmo referente de lugar, de Milton Santos, dos domínios naturais, de Ab'Sáber, e no vívido do cotidiano urbano e rural de Monteiro. E, assim, sucessivamente. É um exercício que giraria a roda das concomitâncias em todos e em todas as referências e referentes.

Os contrapontos do discurso fragmentário

E assim é porque são discursos de integração vindos de pontos diferentes da Geografia fragmentária. O fato é que todos vêm de algum modo do universo fragmentário. O pensamento mundial em que se inspiram é o mesmo referente. E é o mesmo o ambiente que vai se especializando em campos setoriais desde os anos 1940. Mas há um real brasileiro que reage a uma relação de copismo tão absoluto. Há um fundo ontológico que é o mesmo, e que reage a uma relação de tão absoluto copismo. Por isso, uma espécie de subversão pró-integrativa, representada por textos como esses, corre subjacentemente por dentro da fragmentação técnica. Vale entendermos o movimento subterrâneo. O que nos pede realizar um trânsito pelo modo como esse real brasileiro move-se dentro da Geografia fragmentária nas décadas que giram ao redor dos anos 1960.

Embora se inicie nos anos 1950, é nos anos 1960 e 1970 que a fragmentação do pensamento brasileiro de fato se implementa. E há uma clara relação entre esse momento de passagem da fase integrativa para a da fragmentação e a da inflexão correlata do tempo histórico da sociedade brasileira. A indústria está mudando a face da nação nesse momento. E a urbano-industrialização traz consigo a demanda de uma divisão técnica, territorial e intelectual do trabalho à qual as ciências não ficariam indiferentes. Trata-se de instituir as especializações. Mas a nação brasileira leva perto de trinta anos, dos anos 1930 a 1960, para traduzir em práticas esses sinais. Daí que 1930 é a década que vê nascer no Brasil a Geografia acadêmica. A de 1950 a que anuncia sua real existência. Mas é a de 1960 que proclama sua profissionalidade.

A Geografia industrial nasce como ramo especializado justamente nessa década. E tem os problemas de implantação da indústria no Brasil como tema. Os textos de Mamigonian e Geiger se detêm justamente sobre eles. São textos que enfatizam o papel vetorial da indústria nas inflexões do perfil da nação. No momento em que no mundo as nações adotam a velocidade como política de espaço, no Brasil o vetor é a indústria. Geiger vê a concentração no Sudeste, com núcleo de centralidade em São Paulo, como a forma de arranjo espacial que vai se implantando. Ela suprime uma dispersão espacial inicial que expressa o Brasil logo posterior ao período colonial. Ligada a movimentos locais que não deixam de ser um tipo de acumulação primitiva, a indústria nasce nesse período vinculada a capitais e mercados locais. Mamigonian flagra o mesmo momento, mas para o local de Blumenau, com a especificidade de um desenvolvimento industrial apoiado em relações locais, comum a vários outros centros coloniais do Sul, que vai fazer o parque industrial sulino distinguir-se do parque industrial do Sudeste. A concentração no Sudeste vai significar o fechamento dessas industriais regionais, a que praticamente só as indústrias do Sul resistem. Há uma certa intervenção do Estado, a que Geiger faz referência, que reforça a acumulação primitiva em São Paulo pela economia cafeeira. E que intensifica uma concentração mais quantitativa que qualitativa então existente. Havia uma ocorrência em maior número de estabelecimentos dos ramos dominantes no Brasil em São Paulo e Rio de Janeiro, que as outras cidades e capitais tinham numa quantidade menor, o fenômeno industrial não se limitando, assim, ao eixo do Sudeste. A concentração vem com o conceito qualitativo, quando da reunião em São Paulo dos ramos novos e mais básicos e dinâmicos, em particular de bens de consumo duráveis e equipamentos, diante dos quais as indústrias regionais se mostram impotentes. A concentração qualitativa se consuma, assim, na Física. É o que Geiger verifica.

Esse é um tema que domina a cena intelectual brasileira, em seus embates sobre os fundamentos originários do que está acontecendo. E que os geógrafos brasileiros, Mamigonian e Geiger se diferenciando, de um modo geral apenas tangenciam. Há em curso um rearranjo na economia política do espaço, que esses especialistas do espaço entendem febvrianamente como um tema da economia.

Qual a natureza e a forma da revolução burguesa no Brasil? Monbeig, o fundador que mais se aproxima desse embate, ensaia vários momentos de entrada na questão essencial da formação do capital. Uma pergunta que a intelectualidade brasileira responde localizando na acumulação cafeeira a explicação. Daí a concentração em São Paulo. Embora escrito e publicado simultaneamente à *História econômica do Brasil*, de Caio Prado Jr., de 1945, *Pioneiros e fazendeiros de São Paulo* não foca a acumulação como tema. Curiosamente, há nesse livro de Monbeig de 1952, quando o tema da acumulação prévia está em tela, um estudo detalhado do desenvolvimento de uma divisão territorial do trabalho agrícola, que é a própria raiz da industrialização paulista e ao qual ele dedica toda a parte 3, mas que Monbeig pouco explora. Teria Monbeig ficado preso demais ao pacto de Febvre? A origem do capital não seria um tema geográfico? Evidencia-se aqui, de todo modo, um embargo estrutural da teoria geográfica.

É aqui que intercomplementam-se os textos de Mamigonian e Geiger. Se Geiger dá um claro enfoque espacial ao seu estudo, Mamigonian centra o seu essencialmente no problema do capital. Sabemos que o espaço em sua associação com o foco da economia política é um tema que persegue a renovação dos anos 1950 aos 1970, da Geografia ativa às vertentes marxistas dos anos 1970. Vê-se essa preocupação na insistência da viuvez do espaço, de Milton Santos, da negligência de Marx com o espaço, de Lacoste, das proclamas da necessidade de um materialismo histórico e geográfico, tanto de Harvey quanto de Soja. Vale em reforço aqui lembrar a visível recorrência ao espaço na clarificação do real brasileiro seja por Prado Jr. na obra citada, seja por Celso Furtado, no *Formação Econômica do Brasil*, de 1959, obras que ladeiam o *Pioneiros*, de Monbeig.

Fato é que um nexo estruturador, talvez o olhar de economia política do espaço, sem dúvida presente seja no texto de Mamigonian, seja no de Geiger, tenha faltado na visão de Monbeig. Algo que juntasse em seu livro homem e natureza num traço a um só tempo diferenciado e unitário, para além, portanto, do seu enfoque integrado de superposição de camadas, e pudesse levá-lo ao todo orgânico da estrutura do espaço. Mas não se pense que seja um hiato da obra de Monbeig.

A Geografia agrária setorial nasce sob esse signo, arrastada no mesmo problema, seja onde é clara a presença de Monbeig, seja a de Waibel. Falta esse elo tanto no waibeliano Valverde quanto no monbeiguiano Andrade. E com o acréscimo de que, talvez paradoxalmente, um olhar subjacente da indústria os tenha até acentuado. Certamente, um olhar mais de Prado Jr. que de Furtado, de qualquer forma um olhar que daqui a pouco será sistematizado no *Quatro séculos de latifúndio*, de Alberto Passos Guimarães, de 1964. Há um pano de fundo do debate capitalismo versus feudalismo, dominante nos anos 1960, certamente percorrendo os olhares de Valverde e Andrade.

A crítica de Valverde aos hábitos e valores das quebradeiras de coco dos babaçuais do Maranhão e Piauí, num dos seus textos mais monbeiguianos, aqui provavelmente se encaixe. Falta-lhes para Valverde a racionalidade do trabalho que valorize seus produtos aos olhos da indústria, derrotada na tentativa de modernização da economia social do babaçu justamente por esse fato. Faliu ali onde o valor de troca devia reger o valor de uso na relação homem-natureza, até converter-se em indústria e estradas na integração regional. Há aqui uma similitude à crítica de Mattos, monbeguiana e igualmente ligada ao problema da racionalidade, aos proprietários rurais da Baixa Mogiana, embora aqui sua referência explicativa seja o conceito do homem cordial de *Raízes do Brasil*, de Sérgio Buarque de Holanda, de 1936, Mattos localizando o problema nos hábitos e costumes mais de aventureiros que de agricultores da região. O olhar crítico de Valverde só se minimiza diante do tema waibeliano dos insucessos da colonização europeia do Sul, onde o modo de vida comunitário contemporiza o erro do abandono dos hábitos da rotação de culturas em proveito da barbárie da rotação de terras, compensado nas tentativas de sua tradução numa rotação de terras melhorada a caminho de uma possível passagem a rotação de culturas melhorada num contexto local. Vale lembrar que trata-se, respectivamente, de dois dos mais expressivos textos de Valverde, *Geografia econômica e social do babaçu no meio-norte* e *O Planalto Meridional*, ambos de 1957.

A crítica de Andrade do peso do latifúndio no atraso do Nordeste traz o mesmo selo. *A terra e o homem do Nordeste*, de Andrade, e *Sete palmos de terra e um caixão: ensaios de um Nordeste explosivo*, de Josué de Castro, escritos à mesma época, 1963 e 1966, respectivamente, são clássicos críticos do feudalismo no Nordeste. O efeito da subjacência industrial faz-se evidente na substituição por Andrade da leitura da relação homem-meio pela da relação canavieiro-usineira na organização do espaço, lembrando o conceito de sociedades de espaço organizado com dominante agrícola, aqui agroindustrial, de George (embora *A ação humana* seja de 1968), um retrato georgiano do atraso técnico. O poder técnico combinado da usina, a fábrica que substitui o antigo engenho, e do transporte ferroviário, substituto da tração animal, abre de um lado para a infinitamente maior capacidade de esmagamento e de outro para o amplo raio de alcance do carreamento da cana de longa distância para a moagem da usina. A descrição dos arranjos é o tema. Também aqui se faz presente um paralelo semelhante ao da abordagem do *Pioneiros*, de Monbeig. Dessa vez entre *A terra e o homem*, de Andrade, e *Elegia para uma Re(li)gião – Sudene, Nordeste, planejamento e conflito de classes*, de Francisco de Oliveira, de 1977. Um convite de reflexão epistemológica que vai se repetindo em progressão na Geografia brasileira e mundial. São os mesmos os temas e as categorias de um e outro. Não o núcleo da análise. O que bloqueia o geógrafo que o faz parar ali onde não param o historiador, o economista, o sociólogo e o antropólogo? A pergunta é bem cabida. Porque há um bloqueamento que não é um problema da natureza e limites de uma fração da *intelligentsia*, mas de fundamento ontológico de toda uma área acadêmica. Prova-o repetir-se o problema sempre nos mesmos níveis de passagem: particularmente ali onde se tenta ir e voltar num vaivém reciprocamente analítico entre o plano da relação homem-meio e o plano homem-espaço da economia política do espaço. E isso seja em Monbeig ou em Andrade. Um problema da área, reitere-se, que há por exemplo entre *O açúcar e o homem – problemas sociais e econômicos do Nordeste canavieiro*, de Mario Lacerda de Melo, de 1975, e o *Nordeste – aspectos da influência da cana sobre a vida e a paisagem do Nordeste do Brasil*, de Gilberto Freyre, de 1937, ainda tomando-se a região nordestina para exemplificação. E que poderíamos repetir em todos os ramos setoriais.

Há uma comparação para dentro da Geografia agrária que exemplifica a natureza estrutural de área, não dos seus intelectuais, desse bloqueio. Trata-se do tema das raízes da arrancada industrial fartamente analisado pelo pensamento social brasileiro: o papel da diversificação do arranjo do espaço agrário. Monbeig a descreve em minúcias em seu livro. E Valverde-Andrade nos seus. Mas a análise não aparece. Sabemos ser esse um dos pontos tomados para explicação da industrialização do Sudeste e da estagnação do Nordeste. A introdução da diversificação da produção agrícola é sobejamente descrita em São Paulo por Monbeig. E a permanência da monocultura no Nordeste o é por Valverde e Andrade. A raiz do capitalismo avançado é sabidamente o surgimento e expansão da divisão territorial intra-agrícola do trabalho. Monbeig flagra seu surgimento no planalto de São Paulo. Mamigonian em Blumenau. Valverde e Andrade veem esse movimento pelo ângulo do que virá a tornar-se o efeito reverso. E vimos o significado para o deslanche capitalista desse tema em Becker em sua análise das autonomias de iniciativa da periferia e a própria troca de polos de gravidade da centralidade do espaço brasileiro no tempo.

A indústria no Brasil é um fenômeno histórico de ocorrência primeiramente nordestina. Mas é lá justamente onde ela não vai conhecer o seu arranco moderno. E sim o Sudeste. Faltou ao Nordeste a fragmentação da grande propriedade que engendrasse um sem-número de pequenas e médias e com elas a divisão territorial do trabalho e a cadeia da diversificação produtiva com sua relação excedentária, que Monbeig viu ocorrer em São Paulo. Valverde no fundo fala disso quando condena no campesinato do meio-norte a ausência de uma atitude de racionalidade produtiva, que Monbeig vê claramente presente no sítio paulista. Comportamento que Valverde imputa de certa caboclização quando se refere ao campesinato das comunidades de colonos, no Sul e no Espírito Santo. Numa reiteração waibeliana que veremos repetir-se com Egler no estudo do vale do rio Doce. E Andrade quando classifica a lavoura algodoeira do Nordeste sertanejo e fumageiro alagoano e baiano como culturas democráticas, porque de pobres, mesmo que em regime de parceria no trabalho do algodão, realçando a expectativa campesina de safra boa, ou quando, num elogio que lembra Castro, exalta a inteligência criativa do lavrador ribeirinho, considerando a possibilidade de mercado que representa.

Vale, contudo, lembrar aqui ser o problema o fruto de um desafio de enfocamento que só o geógrafo aceitou tomar para si. O de pensar a relação sociedade-espaço pelo prisma de sua raiz metabólica na relação homem-meio. Tema a que a economia política clássica chamou para si na fase fisiocrática, logo abandonada a partir de Smith. E que na Geografia é abandonado a partir do pacto febvriano. Basta olhar os textos de Reclus.

Fica a curiosidade de saber porque não emergiu, a rigor, uma perspectiva agrária de visão integrada de Deffontaines. E porque não floresceu a potência embrionada na visão vegetacional de Waibel. Qual pode ser o significado de não ter surgido uma vertente de Geografia agrária ali onde Deffontaines viu a fazenda de lavoura e de gado e o modo de vida do caboclo e do caiçara como gêneros de vida? E do mesmo modo onde Waibel viu um padrão lavoura-gado, mata-solo, frente-ciclos econômicos? Poder-se-ia objetar que era mais propício surgir em Monbeig, por sua visão integrada em camadas, apontando a fragmentação mais para ele que para Waibel ou Deffontaines. O que se reforça na embrionagem explicitada na própria obra multifacética que Monbeig apresenta. Ou seu vínculo ao vidalismo regionalista, prenhe de fragmentaridade. Ou ainda sua ligação acadêmica com a vertente Vidal-febvriana, fragmentária desde a origem, via sua relação com Demangeon, orientador inicial de Monbeig, parceiro de Febvre em vários trabalhos e criador da Geografia econômica como ramo setorial e um dos patrocinadores da criação da Geografia agrária francesa junto com Marc Bloch. Mas este é um argumento que não explicaria a rápida perda de influência de Monbeig quanto mais avançou a fragmentação no Brasil, se comparado a um crescimento relativo da influência de Deffontaines. Seria mais plausível, e desejável, que se respondesse justamente por razão do seu significado. Deffontaines e Waibel estão menos afeitos ao pacto de Febvre. Embora não imunizados dele!

É a Geografia urbana, entretanto, a filha dileta da inflexão industrial dos anos 1950-1960. Antecedem-na a Geomorfologia e a Geografia agrária. E são-lhe contemporâneas a Geografia da indústria, a Climatologia e a Geografia da circulação. E significativamente vem na retaguarda a Biogeografia. De um certo modo – e pode-se dizer numa especificidade brasileira –, a Geografia urbana quando nasce vitaliza a Geomorfologia e a Geografia agrária. Por ligações óbvias. O sítio é o tema da Geomorfologia. E as trocas rural-urbanas o da Geografia agrária. Além de que torna necessária a Geografia da indústria (muito geógrafo urbano é no começo também geógrafo industrial, como Milton Santos, Davidovich e Geiger), a Climatologia (a Climatologia geográfica não por acaso é uma criação da Geografia brasileira) e a Geografia da circulação. Por trás desses efeitos, a lógica da racionalidade da indústria. Disso se dão conta Geiger, Davidovich e Corrêa. E antes deles Milton Santos e Azevedo. Não por acaso, Milton Santos, Davidovich e Geiger surgem como teóricos ao mesmo tempo da cidade e da indústria. E Davidovich, Geiger e Corrêa o são da cidade e dos polos de desenvolvimento. Azevedo é um geógrafo multifacético como Monbeig. Mas formam uma característica à parte Soares e Bernardes, por conta de uma especificidade que as singulariza ao mesmo tempo que as aproxima. São autoras de muitos textos juntas.

É quase um texto de estudo urbano estrito o texto urbano de Soares e Bernardes. Visto o de uma e o de outra, são estudos que se complementam, um se explica no outro e se aprofundam mutuamente. E têm a evolução brasileira como conteúdo e pano de fundo, embora tratando da cidade do Rio de Janeiro, sempre. É um Rio de Janeiro que não vem da indústria, embora a contemple, vive sem sua inflexão, mas com ela não se confunde, não respira com e como ela, mas dela não se externaliza e não tem dependência, à diferença da cidade de São Paulo. É a metrópole que emerge de suas páginas. Um Rio de Janeiro leve e diáfano, quase nascido da Geografia urbana. Como o texto de Soares.

É diferente a cidade de Milton Santos, Geiger, Davidovich e Corrêa. Antes de cidade, é polo urbano. Espaços de regionalidades, antes que Geografia urbana. A cidade no fundo não é o tema, mas ela e sua região de influência. Um tema da indústria. Quando não é da finança e do comércio. Repete-se aqui a característica da Geografia agrária brasileira: um certo olhar da indústria vê a cidade e através da cidade. Com o adendo de que é uma cidade sem raízes fincadas no chão da Geografia física. E se a feudalidade é o crivo crítico do olhar agrário da indústria, o desenvolvimentismo o é do urbano.

Nisso particulariza-se o enfoque que peculiariza a cidade de Azevedo. Sua São Paulo é a São Paulo industrial. E sendo assim, o próprio olhar industrial de São Paulo sobre o Brasil. É a cidade das marcas urbanas da indústria nacional, para ela transportada, desde a solução de paisagem dada ao sítio. Urbanismo, não mais um sítio da cidade. É um olhar que lembra *O centro de Salvador*, de Milton Santos, um centro que é da região, antes de ser da cidade.

Talvez se possa falar aqui de olhares de projeção. O que poderia explicar muitas das características comuns da Geografia urbana e da Geografia agrária brasileiras. Pode-se falar de uma Geografia agrária que guarda uma relação com o espaço real maior que a Geografia urbana, ao mesmo tempo que compartilha com esta de uma certa estrangeiridade. O fundamento agrário-mercantil da sociedade brasileira e o enraizamento histórico-cultural, ecológica, dirá Freyre no *Nordeste*, da *intelligentsia* brasileira com ela, trouxe a Geografia agrária desde o início para essas raízes. Pelo menos para seus temas. Está aí toda a produção de viajantes, cronistas e naturalistas. Toda a grossa corrente da literatura da obra romanesca, de que escapam romancistas urbanos como Machado de Assis. E toda uma sucessão de intérpretes do nacional brasileiro. Mesmo que não tenha raízes nessa literatura – o seu olhar agrário é uma criação de estrangeiros – a Geografia agrária brasileira convive com ela historicamente, covalida seus olhares e seus temas. O mesmo não acontece com a Geografia urbana. Geiger põe esse tema levantando o problema do conceito de cidade brasileira. Tem ela uma forma geográfica própria? Em que residiria a sua singularidade? O que aí está posto é que hauridos nos manuais estrangeiros, formamos de nós mesmos uma visão geográfica projetada. Se essa é, entretanto, uma propriedade do urbano, também muito daí vem o agrário. E se muito da visão da cidade não é nossa, muito também não é a do campo. Aqui Geografia urbana e Geografia agrária compartilham do mesmo.

Seja como for, a inflexão fragmentária dos anos 1960 tirou por bom tempo esses dilemas do foco. Só aqui e ali mantido por modernistas e antropólogos. Muito valeria se perguntar se junto com o olhar urbano não veio também nessa inflexão uma projeção do de fora sobre as outras geografias setoriais.

Talvez a Geografia da circulação seja o melhor exemplo. Engastada num modelo exportador e depois num modelo industrial tão social e ambientalmente excludente que o primeiro, a circulação é um patinho feio, ao lado da Biogeografia, da Geografia setorial brasileira. Mas talvez aí haja uma boa razão. O olhar industrial vê o Brasil aqui pelo prisma, dir-se-ia, mais fugidio. Se o olhar industrial do agrário mostra o absurdo da estrutura do campo. E o urbano um real que destoa do próprio espaço. O olhar do logístico é um olhar sobre si mesmo. Aí se revela o imbróglio da inflexão. Há um contrassenso na Geografia fragmentária que vem com a indústria. Talvez por isso o ramo seja um patinho feio: não há como a circulação ser um ramo. Circulação é integração. Um entrelaçar-se dos ramos, enquanto menos. É provavelmente por isso que no seu campo é justamente onde têm falido todas as teorias locacionais.

A Geografia da circulação mobiliza, assim, todos os outros ramos. É o nexo que liga cidade e campo, supondo ser a ponte de conexão da Geografia urbana com a Geografia agrária. E realiza esse nexo na conformidade de conectar cidade e campo como reciprocidades de troca, acrescentando por conta disso a Geografia da indústria àquelas duas. A trama do arranjo mobiliza o sítio, e a posição que vem com este, assim incorporando a Geomorfologia e a Climatologia às outras.

Toda Geografia da circulação é um fazer-se dentro do outro, como se vê em Bernardes, Langenbuch e Magalhães. Nos dois primeiros é um fazer-se dentro do urbano. No último, dentro do todo do espaço.

Mas, sobretudo, é isso nas condições de uma sociedade capitalista industrial como a que está surgindo no Brasil dos anos 1950-1960. Daí revelar os problemas da inflexão na sua transparência: ela é a própria expressão do modelo. E revela em sua feição espacial da forma mais acabada quem é o incluído e quem é o excluído no universo excedentário do mundo da indústria. É com esse aspecto que aparece no Rio de Janeiro de Bernardes, na São Paulo de Langenbuch e no Sul-Sudeste de Magalhães. Não por coincidência é a circulação o ponto em que em Harvey e em Smith a contradição entre valor de uso e valor de troca emerge como a própria essência da economia política do espaço. Em Harvey na teoria da fusão da renda fundiária com a renda monetária, no momento do ajuizamento da condição possível, ou não, do implemento de uma política de justiça distributiva territorial na cidade. Em Smith no momento do complexo do fluxo do fixo que mobiliza espaço absoluto e espaço relativo, e primeira, segunda e terceira naturezas num processo de diferenciação-equalização que se faz desenvolvimento desigual.

Castro, indo para além do urbano, poderia idealizar uma justiça distributiva territorial de alimentos a propósito de uma circulação que fosse troca de valores de uso, mesmo que a valores monetários definidos em mercado, como o olhar waibelo-weberiano imaginou flagrar para as comunidades de imigrantes do Sul. Não seria igualmente circulação uma logística que inserisse a Geografia dietética de Castro, a comunidade sulina e meio-nortista de Valverde, os sítios paulistas de Monbeig e os gêneros de vida de Deffontaines, todos ciosos dos seus modos integrados de vida, sem a ruptura quainiana, num outro foco de olhar que não o excedentário da inflexão industrial? Poderiam ser colocadas sob esse parâmetro as outras geografias setoriais enquanto tais?

Haveria, assim, uma circulação que incluiria, mas ultrapassaria o significado puro e simples de meios de transferência (transportes, comunicações e transmissão de energia) do conceito industrial. Que se leva excedente para um lado, leva também para um outro. E que reclama direitos de integralidade que afrontam o olhar industrial da Geografia setorializada. O que explicaria sua sufocação de patinho feio diante do olhar logístico da indústria questionada.

Mas é circulação também a natureza. A Geomorfologia sempre se soube uma ciência de fluxo. Fluxo de temporalidades sobrepostas. E mais ainda a Geomorfologia brasileira, que já nasce um fluxo de fixos com a teoria dos dobramentos de fundo. Brunhes e Ruellan talvez aqui certamente se somam. A geodinâmica dos abaulamentos e depressões que tendem a se alternar na superfície da viga permanente de fundo, como numa dialética de fundo-superfície retroalimentador, é o próprio vaivém dos cheios e dos vazios que se trocam. À semelhança dos fluxos e fixos de Milton Santos. E se nutre, com Ab'Sáber, na visada de integralidade de Tricart, nessa ação geomorfológica de sempre transcender um sítio, mesmo que para revivescê-lo mais para a frente, pela combinação da morfogênese e pedogênese orientada na vigilância da formação vegetacional. Aqui como num fluxo dos fixos de Smith. Seja como for, são fluxos de circulação. E, como tal, tão questionadores de olhares subjacentes quanto os da logística industrial.

As compartimentações ruellanianas do terreno, entretanto, aqui intervêm para diferi-la da circulação do arranjo humano: são circuitos de circulação compartimentada. Escala de espaço e de tempo interpostos entre si. O fixo do espaço interpondo-se ao fluxo do tempo, digamos assim. Cada duplo de abaulamento-depressão forma um compartimento, demarcando a arena própria do fluxo brunhiano de Tricart, e assim o mapa ortogonal das regionalidades da relação morfogênese-pedogênese no espaço brasileiro.

Se Meiss e Guerra se encontram nos registros da laterita é porque os circuitos de circulação são o que prepondera quando, no Brasil, Geomorfologia vira espaço e a dimensão real da Geografia assume o seu direito de fala, a Geomorfologia reencontrada na Geografia voltando a falar a linguagem perdida nos desvãos da Geologia. Monteiro faz ver esse problema numa crítica que se faz eco junto às vozes de Ab'Sáber e Tricart. O hiato do que por ventura fora uma linha contínua faz Meiss, asseverada na retaguarda da linha de continuidade de Guerra, juntar também sua voz ali onde muitos veem ruídos corporativos, mas o real-geográfico vê circuitos espaciais rompidos pelas compartimentações da tectônica de plástica, dando razão aos cheios e vazios de Brunhes. Não seria um equivalente da noção de clima de Sorre?

A Climatologia pode basificar essa reclamação, mesmo como ramo setorial. porque ela é o próprio fixo dos fluxos, invertendo a ordem. O fixo-fluxo da frente de massas de ar que conjuga e conjumina nos pontos concretos da superfície terrestre a diversidade do movimento da circulação normal. É o que França e Monbeig haviam concebido na caracterização climática da bacia de São Paulo. Não por acaso, ali mesmo onde Monbeig viu conjuminar-se o "fluxo" dos planaltos circundantes. E isso porque é um olhar de escala localizada, nada diferente daquela do xadrez ortogonal da Geomorfologia. Não faltando mesmo a adulteração da metáfora dos fixos e fluxos de Milton Santos e Smith: os fluxos e fixos regionalmente demarcados da Geomorfologia e o fixo dos fluxos da Climatologia. Importa aqui a sucessão dos tipos de tempo, que o sorreano Monteiro vê para os instantâneos do cotidiano e o monbeiguiano França vê para a rotina anual das estações do ano.

Mas há nessa crítica um significado de alcance metafórico maior por conta da própria designação que lhe é dada: é uma morfologia genética. O sentido de História está aí explícito. E que na Climatologia monteiriana é natural-social. Se a Geomorfologia lida com um quadro de temporalidades que quase dificulta a visibilidade do ponto de origem, nisso talvez legitimando a pluralidade de correntes que abriga, a Climatologia de Monteiro, declaradamente assumida como geográfica, pode revelar-se uma Climatologia genética, tempo e lugar explicitados na história do movimento das frentes. Que sentido maior de uma historicidade da natureza pode haver que esse? Que maior rebatimento pode haver ao paradigma de uma natureza sem História que a Geografia física foi buscar lá no fundo inorgânico e a-histórico da física clássica?

Há uma História das coisas, artificiais ou naturais, físicas ou humanas, reais ou simbólicas, no ponto dos entrecruzamentos dos ramos setoriais que aqui fizemos. E que a Climatologia geográfica capta com toda clareza. A dissociação entre homem e homem, natureza e natureza e homem-natureza que os essencializa dissolveria o Rio de Janeiro de Deffontaines e a São Paulo de Azevedo. O que faz da cidade Geografia é o encontro dessa diversidade com seus espaços e temporalidades. Esse elo orgânico de História natural e História social que a cidade tem em comum com os domínios naturais de Ab'Sáber, o clima urbano de Monteiro e a geossociabilidade de Silva. Aí está a cidade de Soares e Bernardes. A paisagem que a distingue. A espacialidade diferencial do seu espaço vivido. A fisionomia e estrutura costuradas seja pelos maciços, seja pela circularidade. Mas não é onde Ab'Sáber, Monteiro e Milton Santos também se encontram?

Não é, pois, coincidência que Monteiro escolha a cidade como campo de sua teoria. Aí é onde História natural e História social fazem sua morada e se fundem num só mesmo, na integração mais refinada. Mas poderiam ser os domínios de compartimentação de Ab'Sáber. Ou o lugar de Milton Santos. Ponto clássico dessa fusão, a cidade é onde a ideologia da supressão da natureza pela técnica, elaborada com tanto afinco por George, mas a tempo de brunhianamente declarar seu equívoco em *La era de las técnicas: construcciones o destrucciones*, de 1989 (a edição francesa é de 1974) e em *O homem na terra – a Geografia da ação*, de 1993 (a edição francesa é de 1989), tem sua melhor expressão. Mas é aí também onde o sentir do corpo humano é o melhor termômetro. E não é a crítica de Sorre, referência de Monteiro, à substituição da sensibilidade dos corpos vivos pelos aparelhos de medição, que expulsa o sentir do homem da relação de mundo, e pela média aritmética, que esvazia o real de conteúdo, a crítica mais contundente ao conceito de ciência de Bacon feito paradigma com a física de Newton?

Talvez seja essa a razão também desse outro patinho feio da Geografia setorial brasileira que é a Biogeografia. Onde também intervém a Climatologia. O conceito de Sorre é biogeográfico (embora ele mesmo o apresente como biológico). E no fundo não deixa também de ser o de Köppen. Clima Af tem por referência a floresta equatorial, clima Aw o cerrado e clima BSh a caatinga, na conhecida classificação de Bernardes. A que Galvão acrescenta a bioclimática do índice de comportamento da vegetação considerados os dias e graus de secura. Monteiro na prática busca reduzir o afastamento da Climatologia genética desses parâmetros da genética, revolucionando com a centração explícita da Climatologia na sensibilidade do conforto-desconforto do homem.

E talvez esteja respondido aqui o fato da perduração da presença de Waibel, junto a Deffontaines, para além da inflexão tecnoindustrial. É biogeográfica por definição a Geografia alemã que com ele aqui chega. A vegetação como a paisagem no sentido mais acabado do conceito antigo, quase holista em Waibel, de integração. Para ele a mediação que leva do solo ao cálculo do uso diferencial da terra (Etges, 2000).

Kuhlmann e Bernardes são nisso explícitos. E Valverde e Egler as variações agrárias. Há quase que uma gradação holista que vai de Kuhlmann a Bernardes e deste a Valverde e Egler, se superpusermos seus textos. A formação campestre de Kuhlmann faz-se *habitat* em Bernardes e este, por sua vez, paisagem agrária nos núcleos de imigrantes em Valverde e Egler.

Mais que a sabedoria alemã, contudo, é a sabedoria cabocla o que inspira Waibel nessa concepção integrada a meio caminho do holismo, saber acadêmico e saber empírico se combinando num discurso geográfico. A anatomia das plantas é o indicativo do que lhe jaz por baixo. E assim do uso humano que se pode sobrepor à terra. Toda sua insistência na elaboração de um mapa detalhado do solo e da vegetação se apoia nessa percepção do diálogo sistemático que o saber de ponta pode fazer com o saber prático ao redor da integralidade.

Waibel, como Sorre, antecipa o tempo.

Os modelos de totalidade

Ao longo de toda trajetória da literatura geográfica brasileira, para além dos livros e textos que acabamos de ver, o tema da totalidade é, assim, uma constante. Associada a isso prolifera uma diversidade de construtos, esquemas teóricos que aqui chamaremos de modelos, com o intuito de fornecer a grade integrativa dos textos. São construtos que encontramos na ossatura seja dos sete livros, seja da diversidade de textos setoriais que vimos.

Vejamo-los num quadro geral e sintético

O modelo N-H-E

Os estudos globais do Brasil são, em geral, do tipo que chamamos N-H-E. São trabalhos antigos, comumente de caráter monográfico e de grande fôlego descritivo.

Um exemplo conhecido é *O Brasil*, pequeno texto monográfico de Pierre Monbeig, publicado pela Presses Universitaires de France, em 1954, na coleção *Que sais-je* com o número 628, revisto e reformulado em 1983, na 5ª edição. A estrutura é clássica. São seus capítulos: o meio natural, a conquista da terra, a população e seus problemas e os problemas econômicos do Brasil moderno. Analisa-se, assim, primeiro o meio natural, detalhando-se as condições climáticas, botânicas e geológico-geomorfológicas, para, em seguida, passar-se às formas de ocupação humana da terra e ao perfil demográfico da população, e, por fim, às formas de economia e os problemas que ela enfrenta.

No mesmo estilo temos *O Brasil*, de Maurice Le Lannou, de 1957, da mesma coleção, edição da Publicações Europa-América, de Portugal. O livro divide-se em três partes. A primeira é A Construção Nacional do Brasil, dividida em três capítulos que repetem a estrutura do livro de Monbeig: o capítulo I fala da terra brasileira, relevo, clima, solos e vegetação; o capítulo II da conquista do espaço brasileiro, aqui calcado nos ciclos da ocupação, os bandeirantes, os criadores de gado e a penetração na Amazônia; e o capítulo III fala dos fundamentos da economia brasileira, os ciclos econômicos e o predomínio do café. A segunda parte analisa As Regiões Geográficas do Brasil, adendando com estudos regionais, que nesse modelo teórico geralmente completam as análises de Geografia geral, falando da Amazônia, plantações e associações arbustivas do Nordeste, O estado de Minas Meridional e as suas ligações, o Brasil do Sul, o Oeste brasileiro, os estados de São Paulo e Rio de Janeiro e sua região. Por fim, a terceira parte, referente a Problemas Brasileiros de Hoje, divide-se em três capítulos: o capítulo I fala da base econômica e social, o capítulo II das servidões da economia brasileira e o capítulo III da coesão nacional.

É o caso também de *O continente brasileiro*, de Jean Demangeot, de 1974, um estudo mais amplo, publicado na coleção Corpo e Alma do Brasil, da editora Difel, com direção de Fernando Henrique Cardoso. Divide-se em seis capítulos, analisados na mesma sequência dos livros de Monbeig e Le Lannou: os meios bioclimáticos do Brasil, o relevo brasileiro, as fases da organização do espaço, as regiões do Brasil atlântico, as regiões do Brasil interior e os problemas econômicos da nação brasileira.

E cite-se ainda o alentado *Brasil a terra e o homem*, de 1968, projeto de analisar o Brasil em quatro volumes, organizado por Aroldo de Azevedo para a Companhia Editora Nacional, na coleção Brasiliana, dos quais somente os dois primeiros foram publicados. O volume I – As bases físicas, enfoca na parte 1 (capítulo I) o continente brasileiro, na parte 2 (capítulos II e III) a estrutura geológica e o relevo, na parte 3 (capítulos IV, V e VI) o litoral e o Atlântico Sul e na parte 4 (capítulos VII a X) o quadro climatobotânico e a hidrografia; e o volume II – A vida humana, enfoca na parte 1 (capítulo I) o homem brasileiro e o meio, na parte 2 (capítulos II a IV) a população, na parte 3 (capítulos V e VI) o *habitat* e na parte 4 (capítulos VII e VIII) a vida econômica. Deveria seguir-se o volume III, sobre A vida agrícola. E o volume IV, sobre A vida industrial e a circulação das riquezas.

O modelo N-H-E tem por pressuposto a interação entre o homem e meio. É o clássico estudo integrado em camadas, aqui fortemente afetado das especializações da Geografia setorial. Daí que o roteiro seguido por estes autores comunga com o pressuposto de uma base natural da arrumação da paisagem sobre a qual vai agir o homem, sendo isso o fato geográfico. A Geografia é, neste modelo, a leitura da paisagem e esta tem no arranjo do substrato natural seu ponto de arrumação. Isto é, o plano da distribuição espacial e da interação do homem com o meio, cujo resultado é a paisagem humanizada, modelada no substrato da paisagem natural. Essa relação da paisagem humanizada com o substrato físico é a essência do modelo. Não por haver uma determinação da base física sobre o processo de constituição da paisagem (re)criada, mas por entender-se que é o sítio que define o plano das distribuições e oferece a matéria-prima da fisionomia das paisagens criadas pela ação humana. A ação humana é, assim, a herdeira do mapa da distribuição dos aspectos fisionômicos, o quadro físico prévio às configurações da paisagem humana.

Daí que se comece pela descrição das bases físicas e se prossiga na descrição das formas da ocupação humana, para chegar às formas que essa ocupação vai dando à nova modelagem. A história do povoamento é, assim, sempre, o capítulo da passagem, o capítulo que resume e descreve o processo da interação, que Monbeig e Le Lannou designam conquista, Demangeot de organização do espaço e Azevedo de relação entre o homem brasileiro e o meio. Só então, diante da paisagem constituída, passa-se à descrição das ações, não raro um estudo do quadro da Geografia econômica, com seu balanço social e projetivo (todos os autores fecham seus estudos com o balanço dos problemas econômicos e sociais do modelo de conquista).

O modelo regional

O modelo regional consiste em ver-se o todo fragmentado em recortes espaciais, autonomizados e isolados pela singularidade e identidade que lhe são próprias dentro do quadro total. No fundo, trata-se do modelo N-H-E regionalizado. Daí estruturar-se como um somatório de N-H-ES, as regiões que se aproximam como unidades em si.

O padrão de exemplo são os livros das séries *Grandes regiões* e *Atlas nacional do Brasil* do IBGE, em que se atualiza o estado de cada quadro regional, sem ruptura com o modelo de estudos regionais em si. Tal como exemplifica a segunda parte do livro de Le Lannou.

Pode-se inserir aqui o *Paisagens e problemas do Brasil*, de Manuel Correia de Andrade, de 1968.

O modelo de centro-periferia

O modelo de centro-periferia parte do pressuposto da interação e da combinação desigual entre as áreas. Uma área posiciona-se como centro e estabelece com as demais uma relação de ascendência que as transforma em periferias. E tem por base a teoria dos polos de desenvolvimento de François Perroux, trazidos à Geografia por George e Rochefort.

Os estudos orientados nesse modelo são, em geral, trabalhos que se desenvolvem nos anos do pós-guerra, quando a preocupação com os problemas do desenvolvimento, em particular a correção do desenvolvimento desigual entre regiões e países, toma corpo na literatura das ciências sociais, e a intervenção estatal entra em cena, chamando para o planejamento regional.

O exemplo típico é o *Geopolítica da Amazônia*, de Bertha Becker, de 1982, já visto. O livro compreende três partes: Espaço e desenvolvimento desigual: uma percepção da década de 1970; Amazônia, fronteira de recursos; e a terceira que remete à teoria dos modos de produção, que a autora invoca como modelo por alguns momentos, diante do esgotamento do modelo de centro-periferia.

Uma crítica-renovação desse modelo é o ensaio *Modelo de estrutura espacial brasileira*, de Pedro Pinchas Geiger, de 1970, que tem continuidade no *Reflexões sobre a evolução da estrutura espacial do Brasil sob o efeito da industrialização*, de Pedro Pinchas Geiger e Fanny Davidovich, de 1974. A referência é a polarização de São Paulo sobre o processo industrial brasileiro e os reflexos disso na organização global do espaço brasileiro, em que São Paulo ocupa o papel de centro e faz do restante do país sua periferia.

O modelo centro-periferia de certo modo substitui os modelos do N-H-E e regional, resolvendo alguns dos seus problemas teóricos, em particular o estudo isolado da região, mas com o adicional do abandono do pouco que ainda havia de padrão integrado daqueles modelos.

O modelo de economia-mundo

É ainda Becker que nos serve de referência para este modelo, através do livro *Brasil – uma nova potência regional na economia-mundo*, publicado em coautoria com Cláudio Egler, de 1992. O modelo de economia-mundo é igualmente um modelo de interação entre áreas, mas sem o viés dos polos de desenvolvimento do modelo centro-periférico.

O livro é dividido em seis capítulos: A ambivalência de uma potência regional, A incorporação do Brasil na economia-mundo: da Colônia à industrialização nacional, A economia-mundo e as regiões brasileiras, A emergência do Brasil como potência regional na economia-mundo, O legado da modernização conservadora e a reestruturação do território e Crise e desafios da potência regional.

A referência teórica é o conceito de economia-mundo de E. Wallerstein e F. Braudel, visto pelos autores numa relação de muita proximidade com a teoria de centro-periferia. A diferença é que a par do centro e da periferia há uma semiperiferia, que amortece os contrastes e conflitos existentes entre aquelas duas partes. As interações espaciais são a essência do modelo, dado que nele a relação de trocas é vista como uma constante na História, o que faz da economia-mundo ser a um só tempo uma forma de historicidade, um discurso de um todo recíproco e uma teoria de relação de interação permanente entre suas partes.

Daí a combinação de vários recortes de teorias presentes no livro, resgatando e revendo sob essa ótica temas como o papel dos ciclos econômicos, as formações regionais do Brasil, a relação de subpotência (semiperiferia) no contexto sul-americano, a modernização conservadora e a reestruturação recente da organização do território.

O modelo de espaço técnico

O modelo de espaço técnico tem por pressuposto a interação entre a técnica de dado tempo histórico e a forma e conteúdo organizacional do espaço, cujo resultado é o espaço do tempo técnico, designado forma-conteúdo. A obra de referência é *O Brasil, território e sociedade no início do século XXI*, de Milton Santos e María Laura Silveira, de 2001.

Já anteriormente, Santos publicara um pequeno ensaio intitulado *Do espaço sem nação ao espaço transnacionalizado*, inserido na coletânea *Brasil 1990, caminhos alternativos do desenvolvimento*, organizado por Henrique Rattner, de 1979, no qual antecipa o conteúdo agora explicitado em livro. As seções desse texto-ensaio (As bases históricas do espaço brasileiro atual, Os começos da integração, A construção do espaço atual, Delineando o espaço de amanhã e O espaço como instância da sociedade – espaço e mudança social – indicam a sua filiação com o livro de 1978, *Por uma Geografia nova*, mas já aí aparece a temática do tempo tecnoespacial, explicitado como conceito somente no livro de 1993 e que vai servir de referência à sua análise do Brasil no livro de 2001.

O livro se divide em três partes: O território brasileiro: um esforço de análise, O território brasileiro: um esforço de síntese e Estudos de caso. Pelas partes um e dois se distribuem os quatorze capítulos em que Santos e Silveira buscam concretizar o projeto antigo de Santos: primeira parte: capítulo I – A questão: o uso do território, capítulo II – Do meio natural ao meio técnico-científico-informacional, capítulo III – A constituição do meio técnico-científico-informacional e a renovação da materialidade no território, capítulo IV – A constituição do meio técnico-científico-informacional, a informação e o conhecimento, capítulo V – Uma reorganização produtiva do território, capítulo VI – Os atuais círculos de cooperação, consequência dos circuitos espaciais da produção, capítulo VII – Por uma Geografia do movimento, capítulo VIII – O sistema financeiro, capítulo IX – (Re)distribuição da população, economia e geografia do consumo e dos níveis de vida; segunda parte: capítulo X – A categoria de análise não é o território em si, mas o território utilizado, capítulo XI – O território brasileiro: do passado ao presente, capítulo XII – As diferenciações no território, capítulo XIII – Urbanização: cidades médias e grandes, e capítulo XIV – Uma ordem espacial: a economia política do território. A terceira sendo um anexo de trabalhos diversos de sua equipe de orientandos.

As formas do espaço brasileiro, de Pedro Pinchas Geiger, de 2003, segue essa mesma linha. E serve como uma outra forma de ver o Brasil pelo mesmo parâmetro.

O modelo de economia política do espaço

Milton Santos também exemplifica este modelo, ensaiado na coletânea *Economia espacial*, de 1979, particularmente com *Por uma economia política da cidade – o caso de São Paulo*, de 1994. Pode-se incluir aqui *Evolução urbana do Rio de Janeiro*, de Maurício de Almeida Abreu, de 1987. Estes dois livros podem ser resumidos como uma economia política do espaço urbano.

Pode-se incluir ainda *O movimento operário e a questão cidade-campo no Brasil – estudo sobre sociedade e espaço*, de Ruy Moreira, de 1985, *A capital da geopolítica*, de José

William Vesentini, de 1986, *A Geografia das lutas no campo*, de Ariovaldo Umbelino de Oliveira, de 1988, um livro que faz parelha com *A agricultura camponesa no Brasil*, de 1991, e *Deserto grande do Sul: controvérsia*, de Dirce Suertegaray, de 1998. O livro de Moreira é uma análise do uso do espaço como estratégia de controle e esvaziamento das lutas de classes, o de Vesentini do espaço arrumado como mecanismo de defesa do Estado, o de Oliveira do espaço estruturado como meio de luta de classes do campesinato e o de Suertegaray do espaço como uma economia política da desertificação.

Um balanço dos modelos

Um modelo é um esquema discursivo presumivelmente capaz de oferecer um quadro de referências necessárias a realizar uma dada interpretação global do real, tomando um conceito (ou um conjunto de conceitos) como nexo estruturante. É um construto. Sua presença na Geografia brasileira é o melhor indicativo das reflexões epistemológicas que têm permeado nossas análises.

Analisemos essa questão.

O traço comum, e ao mesmo tempo distintivo, entre todos esses modelos é o seu suporte numa dada forma de interação. O modelo N-H-E se apoia na interação entre o homem e o meio natural e os demais na interação entre espaços (os modelos centro-periferia, economia-mundo e da economia política do espaço são interações entre recortes de áreas e o modelo do espaço técnico é uma interação entre objetos espaciais). A importância da interação reside no valor de base estrutural que permite ao modelo atingir seu objetivo de chegar à totalidade.

No fundo, essa duplicidade expressa nossa herança kantiana (Moreira, 2006 e 2007). É com Kant que a superfície terrestre entra na teoria geográfica como fenomênica e o espaço como base abstrata de ordem dos arranjos. Por um tempo essas duas categorias andaram juntas e como um só eixo, até que se separaram em eixos diferentes e ao fim o espaço suprime a superfície terrestre como tema e eixo da Geografia. Podemos vincular o modelo N-H-E à tradição da superfície terrestre e os demais à tradição do espaço.

A crise ambiental dos anos 1970 trouxe de volta a associação das duas categorias e dos dois eixos. A longa tradição epistêmica, todavia, ocasionada pelo pacto febvriano, de trabalhar-se com uma ou com outra dessas referências e que se refletiu na falta de um esquema de integração próprio à Geografia, explica a reiteração e permanência de recorrência aos modelos ainda agora. Um quadro que, entretanto, permanentemente conflita com a ambiguidade da consciente percepção do geógrafo brasileiro da necessidade da visão totalizante que ponha a indagação do que é o Brasil à sua frente e o leve a responder ao desafio de formular uma teoria geral e holista do Brasil em Geografia.

HÁ UMA GEOGRAFIA BRASILEIRA?

Cremos que as páginas anteriores respondem pela afirmativa. Há uma performance de convívio e interação histórica com a Geografia mundial que já nos permite olhar-nos e nos vermos no espelho. Mas sente-se que lhe falta o seu próprio rosto.

A Geografia brasileira ou a Geografia no Brasil?

Toda uma base de apoio na leitura do espaço é encontrada nos intérpretes do Brasil. *Populações meridionais do Brasil*, de Oliveira Viana, de 1920, é um bom exemplo. Vemos nesse livro toda uma teoria do Brasil construído num diálogo permanente com a Geografia dos geógrafos clássicos. Como faz ele aflorá-la como teoria?

Por Brasil meridional Viana concebe o que já, deste então, se chama centro-sul, a referência usada para o contraponto com o norte. Já aí a Geografia aparece como olhar de totalidade. Ou um meio tomado para aceder-se a isso. Centro-sul e norte falam de um Brasil em si diferenciado. Essa diferencialidade faz um contrapeso com a unitaridade. Todavia, na base dessa Geografia está uma estrutura de espaço ainda mais fragmentária, que leva a regionalidade a mergulhar num quadro de estado quase anárquico. E é aí que se coloca o tema de Viana. Que Geografia – que geograficidade, poderíamos dizer – é essa?

Viana está se referindo à grande fazenda autárcita que surge e se estabelece como modo de formação espacial da sociedade brasileira. À tendência de centrifugação que vem com ela. E à necessidade do contraponto espacial de um Estado centralizado que isso suscita.

Centro da amplidão de um território de ocupação pontual e dispersa, a fazenda responde ao isolamento com uma organização de autossuficiência, cuja tradução é a relação autoritária que estabelece para dentro e para fora de seus domínios. E sobre essa base organiza o próprio Brasil. Toda fazenda é um microcosmo autônomo e centrado no mando e nos valores do dono, ao qual serve como povo e milícia uma população mestiça que habita o seu e o espaço do entorno, sobre o qual o grande fazendeiro ascende como um chefe militar e político. A essa Geografia política de oligarquias locais de poder autocrático, caudilhesco e arbitrário historicamente se opõe a de uma centralidade que dê equilíbrio e unidade nacional ao todo. Viana se refere ao Estado e propõe a solução de uma forma de Estado de molde corporativo onde todos tenham acento e todos ao mesmo tempo tenham um só centro de poder, como ideal de federalismo.

A forma do arranjo do espaço aparece, assim, como a equação nacional. De um lado, há um espaço de territórios autônomos. De outro, a necessidade de haver um espaço de união orgânica do Estado. O espaço é fator de dispersão. E o Estado de aglutinação. No meio o latifúndio, o fator de plasmação. Público e privado coabitando, eis o que pensa.

Viana lê a Geografia dos franceses através de Desmolins e Vallaux e pensa o Brasil. Diante de si, a literatura dos viajantes, cronistas e naturalistas que o ensina a ver o enigma desse todo e a pensá-lo por meio dos arranjos do espaço.

Euclydes da Cunha vai num sentido teórico próximo. Toda sua interpretação de Canudos tem a terra e o homem como centro. E forja por seu intermédio uma compreensão do Brasil em *Os Sertões – campanha de Canudos*, de 1902. É conhecida a estrutura do livro, dividido nas partes da terra e do homem que abrigam em seu seio a parte terceira, da luta. Um feitio de leitura da Geografia que vem de Reclus. Faz a consagração de Deffontaines. E tem em Andrade um representante recente típico.

É conhecido também o seu modo geográfico de olhar o Brasil. Centra-o o contraponto litoral-sertão, ao redor do qual faz toda a leitura do levante e massacre de Canudos. O Brasil é para Euclydes da Cunha uma sociedade erguida no litoral, de onde vê e julga o restante. É por esse prisma que julga Canudos. E apoia seu massacre. Por ignorância e preconceito. Todavia, não se constituirá uma nação numa sociedade dividida em litoral e sertão. Sem que litoral e sertão reciprocamente se incluam. E daí frutifique o novo. Esse é o pressuposto de uma República.

São dois intérpretes do Brasil. Situados num roteiro de leitura que se alonga num antes e num depois dele. Em comum, a Geografia como centro essencial do roteiro.

Só nos anos 1940 vai emergir na Geografia formal uma obra de mesmo jaez, com a *Geografia da fome*, de Josué de Castro. Seu ponto de referência, entretanto, é o inverso: o problema da fome só vai ser entendido à luz de um quadro geográfico brasileiro pensado por inteiro. O Brasil é quadro de totalidade que abre para a boa compreensão da dimensão e raízes do problema social. O enigma é a fome.

Com Castro se acende um sinal: há que se tomar o Brasil como tema de estudo da própria Geografia brasileira. Sem o que não se fará ouvida e não se fará brasileira. Além de que será uma Geografia no Brasil. Não uma Geografia brasileira. E lança luz para a elucidação de uma confusão que com frequência se faz sobre três vias: as obras pautadas na apreensão da totalidade empírica, as obras pautadas na busca de uma teoria geral pura e as obras que interpretem o Brasil à luz da Geografia. Três instâncias de leitura. A terceira se explicita na empiria da primeira e se constrói por intermédio da segunda, mas sem sua presença nenhuma das duas se efetiva.

Mas lança luz igualmente sobre a necessidade de distinguirmos totalidade, integralidade e holismo. A terceira instância tem por propriedade agregar as outras duas ao redor da articulação das categorias da totalidade, da integralidade e do holismo. A segunda instância é a de fazer o elo de trânsito que há que haver entre a primeira e a terceira instâncias, através da articulação das categorias da totalidade e do holismo. E a primeira instância é a dimensão empírica necessária a todo conhecimento e cujo centro é a categoria da totalidade.

A Geografia brasileira tem produzido obras de totalidade empírica e obras de referência no campo da teoria pura. Mas faltou-lhe até agora a ousadia de intérprete do enigma Brasil. Com o adendo de ter produzido obras de todalidade, raras de integralidade e menos ainda de holismo. Daí a incidência dos modelos.

O fato, entretanto, de termos podido listar sete, quatro olhando a totalidade pelos olhos do pontual – a fome, em Josué de Castro, os domínios naturais, em Ab'Sáber, a pulsão do tempo, em Monteiro, e os avatares da periferia, em Becker – e três pelo nexo estruturante da teoria pura – o tempo-espacial, de Milton Santos, o espaço-tempo da matéria, em Gomes, e a geossociabilidade, em Silva – diz bem do que já se andou. Há, todavia, que explicar-se a ausência exatamente da via essencial a estas duas. Pois como pensar a totalidade sem já se ter claro o seu real significado?

Onde situar a origem dessa ausência? Cremos que a presença da hegemonia do discurso fragmentário não é um bom caminho. Bem como o papel histórico da Geografia aplicada dos organismos de Estado. Quase todos os autores considerados vêm, de algum modo, do universo da Geografia setorial. E é já razoável a presença da Geografia brasileira junto aos fóruns organizados da sociedade civil, desde, pelo menos, os anos 1970. A hipótese mais plausível é o perfil fortemente eurocêntrico do quarteto seminal, combinado com a tradição do pacto febvriano que trazem de onde eles vêm.

A Geografia brasileira é atravessada por dois olhares europeus: o informal dos viajantes, cronistas e naturalistas e o formal do especialista que vem criar a feição acadêmica. O primeiro é o olhar de uma Europa afrontada pela revelação da alteridade do desconhecido. O segundo é o de uma Europa já hegemônica e racionalizada no parâmetro da cientificidade que criou para isso. Quando o segundo momento se inicia, tudo indica não ver a necessidade da dar continuidade ao primeiro. E simplesmente o afasta. Seu olhar não é científico. E tudo tem agora de ser explicado do começo.

O simbolismo da morte de Langsdorff justamente no momento que antecede a chegada do ciclo do café em São Paulo dando começo ao desenvolvimento das relações capitalistas no Brasil é o simbolismo da própria passagem desses dois momentos.

Talvez seja essa a diferença que distingue a Geografia de suas congêneres, criadas ao mesmo tempo que ela em suas versões acadêmicas no Brasil. Em todas elas o informal e o formal aparecem, mas sem a fronteira que as separe. É indiscutível o vínculo do *Tristes trópicos*, de Lévi-Strauss, de 1955, com a *Viagem à terra do Brasil*, de Léry, mencionado por Lévi-Strauss como o livro da criação da etnologia.

Acresce que todas se beneficiam da liberdade de se moverem em seus campos sem as restrições que constrangem a Geografia. E seus fundadores provavelmente por isso mesmo convivem com uma ciência brasileira produtiva simultaneamente à própria fundação (Mota, 1977). *Evolução política brasileira* é de 1933, *História econômica do Brasil* de 1937, e *Brasil contemporâneo. Colônia* de 1942, todos de Caio Prado Jr. *Casa-Grande & Senzala*, de Gilberto Freyre, é de 1933. E *Raízes do Brasil*, de Sérgio Buarque de Holanda, de 1936. Contemporâneo desses livros em Geografia só o *Geografia da fome* de Josué de Castro, de 1946. Mas Castro não vem de uma formação acadêmica em Geografia. É médico. E abraça a Geografia pelo mesmo motivo de interesse que ela desperta no meio médico brasileiro, então envolvido com os temas da etnia, saúde e saneamento no Brasil. Interesse que dá origem a *Amazônia, a terra e o homem*, de Araújo Lima, de 1933 (o capítulo de abertura tem por título *Introdução à Antropogeografia*, uma mistura de Vidal e Ratzel), e *Clima e saúde: introdução biogeográfica à civilização brasileira*, de Afrânio Peixoto, de 1938. Todos na linha de tomar a Geografia como referência das ações de rearrumação dos arranjos espaciais do campo e da cidade por obras de saneamento e num quadro nacional de combate e condenação às leituras deterministas então vigorantes.

Vale retomar aqui o parêntesis de Waibel. Talvez por mover-se numa visão de integração da relação homem-meio no Brasil pela via da intermediação das formações vegetacionais, Waibel vai à literatura da Geografia informal e leva essa relação para seus discípulos. Tanto quanto ele, estes são ledores dos viajantes, cronistas e naturalistas, em particular Saint-Hilaire. O fato é que deixa uma marca diferenciada também nesse plano.

A relação do informal e do formal ajudou no campo das congêneres a criar as versões de Brasil que hoje servem de apoio às suas leituras de totalidade. Conseguem lograr ler temas pontuais por um sentido de significação que não se logra obter na Geografia. De certo modo porque há uma reflexão sobre o significado do período informal que é resgatado nesses campos.

Qual o significado nos informais e nos formais do espaço na constituição do Brasil? Que fundo de ontologia aí se cristaliza? Há que se conectá-lo. Waibel dele se aproxima quando confronta fronteira e ciclo econômico e mata-campo na reflexão sobre a relação do Brasil com o seu espaço em formação. Dele também se aproxima Ruellan com essa espécie de arquétipo que é a teoria dos dobramentos de fundo.

Há nesses dois exemplos mais que um intento de visão de totalidade. Mesmo de concepção de integralidade em Geografia. Pois que totalidade, integração e holismo são leituras que se iluminam no significado, clareiam o real quando por aquele já estão clareados. Posto que a epistemologia só se precisa diante da ontologia.

Há uma resposta ontológica no *Raízes do Brasil* com o seu conceito do homem cordial. O mesmo sucede com *Casa-Grande & Senzala* em sua metáfora do sinhozinho alimentado no leite da negra. Sentidos de essencialidade que dão trânsito às leituras de totalidade. E conferem visão holista seja ao olhar de integralidade, seja da totalidade. Duas distintas dimensões da visão do todo. São teorias do Brasil, podemos dizer. Justamente a terceira via que falta na Geografia.

Há na Geografia teorias de totalidade. E raras de integralidade. Ensaísmos, pelo menos. Exemplos são as obras que analisamos. Sete indicações de caminhos possíveis para chegar-se a uma teoria do Brasil com olhos de Geografia. Mas há que se entender o significado de terem de ir buscar lá nos campos acadêmicos onde o formal mergulhou suas raízes nas reflexões do informal a argamassa do sentido profundo da totalidade que precisam.

Toda uma literatura pode ser arrolada nessa apreciação. Suas raízes, todavia, têm as mesmas características de carência. A totalidade empírica que não chega ao enigma. E a totalidade pura que não chega à empiria.

Os geógrafos brasileiros são pródigos em estudos de partes da Geografia do seu país. Seus eleitos são o estudo areal e o estudo tópico. Estudos pontuais, sem o global. Habituados a essas singularidades, não são em geral afeitos aos olhares de escala global da sociedade nacional inteira. Herdeiros do que de melhor produziu a tradição geográfica, pouco despertaram, entretanto, para a importância de um enfoque geográfico geral-nacional no Brasil.

Isso embora haja os exemplos de textos de natureza sistemática. Aí estão o exemplo do *Princípios de Geografia humana*, de Vidal, da *Geografia humana*, de Brunhes, de *A terra e o homem*, de Reclus, e de *O homem na terra*, de Sorre, onde as sociedades na História são pensadas no nível amplo de escala geográfica. Assim, não são raras as fontes gerais para o mergulho numa teoria e interpretação geográfica do todo da sociedade brasileira.

Extremamente ricos em estudos de casos, não se aventuraram, entretanto, a produzir uma interpretação macro da sociedade brasileira segundo seu feitio geográfico.

A senda por onde as linhas se encontram

Desde os anos 1940 viceja a busca de uma linha de teoria geral, no Brasil e no mundo, que encontre o fio condutor que escapou. A tentativa de dar o salto ali onde o pacto febvriano abateu em pleno voo a trajetória das geografias vidaliana e alemã da paisagem. E recuperar o substrato do holismo de Humbol dt e Ritter. É uma busca acompanhada da dificuldade de reverter o que já é, a essa altura, um parâmetro de saber acadêmico institucionalizado e por meio do ensino escolar uma cultura do Ocidente. É a origem dos bloqueios. E já de tantas teorias.

Mas se essas teorias isoladamente pouco têm podido furar a parede que já de um século se ergue, nota-se entre elas uma incrível combinação de formulações que aqui e ali as intercomplementam. Aguardando uma fagulha que as ponham vivas juntas, como nas paisagens dum continente que guarda adormecido sua enorme potencialidade.

Podemos imaginar uma hipotética linha de integração em que uma cubra os hiatos das outras e se completem num *corpus* teórico que leia as formas geográficas das sociedades do passado e do presente. E assim também se resolva uma outra de nossas grandes dificuldades. Tomando Vidal e Quaini como base. Há em Vidal um construto que identifica as estruturas geográficas reais das sociedades do passado de enorme transparência. Há em Quaini o mesmo para as sociedades do presente. Em comum, Brunhes. Vem de Brunhes a afirmação de que o homem arruma o arranjo do seu espaço na condição de justapor a dupla relação que faz com a planta e com a água. A água orienta a distribuição tanto dos homens quanto das plantas e os consorcia na superfície terrestre. É a superposição da relação homem-planta e homem-água que se desdobra na do *habitat* das casas e caminhos que se fazem cidades e manchas de criação e cultivos. E esse arranjo básico do *habitat* é o de toda e qualquer forma de organização geográfica das sociedades em todos os momentos da História humana.

É de Vidal que vem a ideia de que o espaço do homem surge com a seletividade do lugar de assentamento de seu *habitat*. O aprendizado dessa seletividade e sua transformação em seu espaço de morada é uma experiência que o homem adquire a partir das áreas laboratórios do passado e que a seguir leva em forma acumulada para as áreas anfíbias. Pode-se imaginá-lo, pois, descendo as encostas mais secas das montanhas localizadas ao longo do paralelo de 40º norte e vendo das alturas a panorâmica da natureza desorganizada lá embaixo, mirando, na paisagem inundada das áreas anfíbias, os vales dos grandes rios, o caos da desordem da força louca do sol e da ordem da força sábia da terra em sua pugna constante pelo domínio do arranjo espacial da superfície terrestre da teoria de Brunhes.

Pode-se agora imaginá-lo, ele que por todo tempo evitara a riqueza abundante dessas mesas postas que são as planícies aluvionais, impotente para disputá-las com seus frequentadores mais assíduos, os animais de grande porte, chegando e instalando-se nelas, agora munidos dos conhecimentos adquiridos dos gêneros e modos de vida que forjara na longa experiência ambiental das terras de cima, para apor-lhes sua ordem.

Todo um trabalho de construção-destruição vai dando origem a um espaço organizado em cheios e vazios do *habitat* que aí vai erguendo, arrumado na linha de sobreposição homem-planta e homem-água, sabendo ter que fazê-lo e refazê-lo em ato contínuo por conta de uma superfície terrestre ordenada-desordenada a um só tempo pelas forças da História natural e social dos lugares permanentemente. Surgem, assim, as civilizações.

Podemos casar assim as ideações teóricas de Vidal e Brunhes. Combinar suas categorias e conceitos – o gênero de vida de Vidal e as três contradições de Brunhes – e acrescentar mais adendos.

O grau de presença da técnica as diferencia aqui e ali interna e externamente em distintas taxonomias de espaço. Surgem assim as sociedades (categorias de George a que Reclus e Quaini vão preferir às comunidades) de espaço organizado e as de espaço não organizado, estas aparecendo como sociedades de natureza sofrida e aquelas como de natureza neutralizada, em função da ausência e presença da técnica, respectivamente. As sociedades de presença técnica se diferenciam, por sua vez, em sociedades espacialmente organizadas com dominante agrícola e em sociedades espacialmente organizadas com dominante industrial, aqui a Revolução Industrial fazendo a diferença. Assim as veria George. Milton Santos as veria por outro molde, referenciado no conceito de meio técnico. Assim, a sociedade de natureza sofrida (de espaço não organizado), de George, é a sociedade do meio técnico corpóreo, a sociedade espacialmente organizada com dominante agrícola é a sociedade do meio técnico mecânico e a sociedade espacialmente organizada com dominante industrial é a sociedade do meio técnico-científico e informacional.

Mas diferencia as primeiras civilizações sobretudo a natureza comunitária com base em que se organizam, seus modos de vida centrados em diferentes gêneros de vida e os modos de produção que estão na sua base, da teoria de Quaini, extraída de Marx. A relação comunitária é, antes de mais nada, uma relação comunitária do homem com a natureza, que por isso mesmo aparece diante dos homens como um complexo vivo de valores de uso, que os homens intercambiam com os seus, numa relação metabólica que se reproduz continuamente e que tem por fim a reprodução comunitária dos próprios homens.

À medida que se desenvolve, a sociedade comunitária vai adendando maior número de relações à sua organização espacial, o espaço virando um feixe de relações que é tanto maior quanto maior é o volume dos entrelaçamentos diferenciais, numa estrutura de espacialidade diferencial crescente. Assim surge o ecúmeno. Aqui Sorre e Lacoste se juntam.

Essa complexidade estrutural deriva da combinação de dois planos: o intercâmbio homem-meio e o intercâmbio área-área. O plano do intercâmbio homem-meio é o da reprodução sistemática e permanente dos homens que ocorre interna e localmente em cada comunidade. O plano do intercâmbio área-área é o da troca de excedentes de bens, técnicas e valores entre as comunidades no propósito de cada uma complementar com seus elementos as carências das demais como na utopia de Castro. O ecúmeno é o produto da combinação desses dois planos, com raiz no qual se ergue o modo de vida de cada comunidade.

O ecúmeno é, assim, um complexo. E sua ordem de complexidade é tão maior quanto maior a densidade de relações que a comunidade troca para dentro, como o seu meio, e para fora, com as demais comunidades. Na base do ecúmeno está o complexo agrícola. A relação desse complexo agrícola com o regime alimentar torna-o um complexo alimentar. Dentro de sua organização está o arsenal de mediações técnicas, mediante o qual o combinado do complexo agrícola e do complexo alimentar ganha a expressão por sua vez de um complexo técnico, e assim em escala crescente, cada novo acréscimo de elo requalificando para cima o complexo num sentido estrutural maior. A inclusão do plano das trocas entre áreas conduz a complexidade numa direção de organização em rede, o ecúmeno global virando um complexo de complexos. É assim que as civilizações do passado se amoldam enquanto formas localizadas de espacialidade diferencial. Que Lacoste vincula às antigas aldeias.

A visualidade dessa relação combinada de ecúmeno e espacialidade diferencial – o ecúmeno de Sorre arrumado na estrutura da espacialidade diferencial de Lacoste – é mostrada por Vidal na forma da ossatura da distribuição dos homens na superfície terrestre, um quadro da demografia mundial que é fruto do longo processo de multiplicação e expansão das diferentes civilizações na superfície terrestre e que responde pela arquitetura da distribuição atual do homem no planeta.

A civilização proveniente da descida e fixação dos homens nas áreas anfíbias de Vidal, arrumada na armadura espacial dos arranjos de Brunhes, se assemelha ao modo de produção asiático de Marx. Tipo de civilização de ecúmeno extenso – tudo lembra a Ásia monçônica nas imagens que Vidal usa para compor sua teoria na redação das páginas do *Princípios* – a sociedade do modo de produção asiático é um conjunto integrado de comunidades formadas à semelhança da civilização nômica do Egito, onde cada nomos é uma comunidade de aldeia, o todo encimado pelo domínio da comunidade superior. Em Vidal, uma vez assentada num ponto da área anfíbia a comunidade vai se partindo em outras, num processo de cissiparidade. Com o tempo, uma multiplicidade de comunidades se espalha pela bacia fluvial, cada qual se organizando segundo um elenco de gêneros de vida próprios e ao mesmo tempo em um mesmo modo geral de vida. Um conjunto de mesmos hábitos e costumes, herdados desde os tempos da descida das áreas laboratórios, forma a argamassa desse modo de vida único, unindo o todo das comunidades num só modo de produção e de civilização.

Todavia, embora se estruturem na relação excedentária que alimenta a comunidade superior, as comunidades de aldeia se organizam de forma autônoma. Por isso, a relação segue sendo comunitária com a natureza. A reprodução segue sendo uma reprodução dos homens. E o todo de vida de cada um se mantém estruturado nos termos de um quadro de organização societário que é próximo do que Silva designa geossociabilidade.

Pode-se supor seja o de uma natureza também desordenada o espaço de domínios naturais vindos das flutuações climáticas que as comunidades tiveram de ordenar quando chegaram ao Brasil. Os modos de sociabilidade que criam num quadro de História natural e História social ainda indiferenciados, se podemos juntar Ab'Sáber e Silva num *Princípios* que, com a ajuda sem dúvida da Geografia informal dos viajantes, cronistas e naturalistas, contasse e pensasse os processos formadores do Brasil.

Seja como for, toda uma plêiade de teorias de Geografia se pode modelar em intercomplementaridade à base do *Princípios* de Vidal. Uma obra que olha a paisagem de uma França industrial como se a olhasse e visse, em pleno ano de 1918, como um mundo ainda agrário. O problema se põe precisamente quando Vidal olha para diante na História. Embora todo o conjunto de anexos mostre não ser essa a visão teórica das civilizações de Vidal, é essa a estrutura com que se consolida o livro, o olhar para trás que ele permite e a falta de parâmetros para pensar os momentos modernos da organização geográfica das sociedades na História. Vimos, num acréscimo, a má sorte paradigmática que o acompanha.

Talvez não seja um hábito então de todo sem sentido todas as teorias que surgem depois de Vidal terem de dividir os livros em que se expõem em Geografia das sociedades do passado e Geografias das sociedades do presente. É assim em Sorre, George e Milton Santos. Três gerações, três distintas épocas que se repetem num mesmo esquema. A uni-los a mesma linha de pensamento. Mas é assim ainda em Quaini. E está sendo assim neste livro. Um processo de repetição, que em psicanálise significa um problema sem desenredo. Também aqui Brunhes soa como uma exceção.

O fato é que com Vidal criou-se a possibilidade de uma teoria integrada capaz de propiciar o fazer de uma análise integrada, mas de sociedades integradas. Sinônimo no fundo, e não só em Vidal, de sociedades agrárias e comunitárias do passado. Como Vidal e Sorre veem a França. Ratzel a Alemanha. Sauer os Estados Unidos.

Quaini parte justamente daí. Vem com ele uma linha crítica de visão integrada, mas da sociedade desintegrada, a sociedade moderna ecológico-territorialmente rupturada. Sua origem: a desintegração das sociedades vidalianas.

A quebra da estrutura comunitária pela acumulação primitiva segue uma sequência de cisões que vai fragmentar por inteiro a sociedade que daí nasce. O propósito é instituir uma estrutura de relações inteiramente baseadas na troca. Por isso a primeira cisão tem que se dar ali onde a sociedade integrada, uma sociedade assentada na produção e troca de valores de uso, não valores de troca, subsiste: a relação comunitária do homem e da natureza. Homem e terra são assim entre si separados. Dois efeitos mercantis saem de imediato dessa medida: a formação do mercado de terras e a formação do mercado de força de trabalho. Mas o mais importante efeito é a separação entre o homem e a natureza. A segunda cisão vai se dar no plano da natureza. E consiste agora em separar entre si todos os elementos de valor de uso da natureza. Com o que se forma um mercado de recursos naturais (essa é a origem do conceito, da natureza como uma enorme dispensa e da relação homem-meio como uma relação utilitária). A terceira e última cisão vai se dar, por fim, com o próprio homem, dividido numa pluralidade de valores de uso. Com o que se forma o mercado das profissões especializadas. É a acumulação primitiva de Marx basificando Quaini.

Há, todavia, o pressuposto da materialidade espacial de toda essa fragmentação da estrutura ecológica: a divisão territorial do trabalho. A base da divisão territorial de trabalho é a separação entre a cidade e o campo, pressuposto da produção e das trocas entre setores de especialidades. Desenhado o arranjo de base, toda a estrutura ecológica desintegrada vai assim materialmente se ordenando como um todo fragmentado no espaço, que só o valor de troca integraliza.

É nessa sociedade de estrutura ecológico-territorialmente rupturada que vivemos.

É Smith quem vai fazer seu detalhamento. E é pela inversão de sinais que adequa o conceito cartesiano-newtoniano de espaço à economia política do espaço que essa própria ruptura ecológico-territorial estabelece. O espaço absoluto é a esfera da divisão territorial do trabalho, o arranjo dos cheios e vazios das unidades produtivas em que os valores de uso são transformados em valores de troca e distribuídos no território segundo suas especialidades. Aí primeira natureza (a dispensa natural de recursos) e segunda natureza (os meios de produção fixos) interagem continuamente. O espaço relativo é a esfera que recebe os valores já transformados e promove a circulação das trocas que realiza no lucro. O lucro é a matéria-prima da acumulação e o ponto do recomeço do ciclo. Sob a forma do reinvestimento, o lucro volta à esfera do espaço absoluto, dando início a um novo ciclo produtivo, reanimando o arranjo da divisão territorial do trabalho e transformando mais valores de uso em novos valores de troca. Com o lucro, todavia, deslocam-se para o espaço absoluto também os diferentes níveis de composição orgânica que se manifestaram como diferenciação das taxas de lucro no momento da realização do valor. E que através dos investimentos em capacidade produtiva, particularmente em tecnologia, vai tentar se equalizar nas unidades produtivas. Dá-se, assim, uma equalização que logo será quebrada por uma nova diferenciação, diferenciação e equalização se alternando entre o espaço absoluto e relativo num movimento de desenvolvimento desigual, que emerge na sociedade fragmentária como a sua lei espacial por excelência.

É esse movimento do desenvolvimento desigual que ativa o todo das contradições estruturais do universo ecológico-territorial descritas por Tricart, numa incrível combinação de olhares de Smith com as teorias de Tricart e Quaini. E que são as mesmas três contradições do discurso espacial de Brunhes. A exploração em separado da terra, do subsolo, das águas e da cobertura vegetal que tem lugar ativa a contradição "infraestrutural" onde se opõem morfogênese e pedogênese. A exploração madeireira desenfreada ou a pura e simples derrubada para o fim de exploração dos recursos minerais do subsolo, destrói a cobertura vegetal e libera o arrasto do solo pelos processos de erosão, cujo material vai ser depositado áreas abaixo, em geral no leito dos rios. Por seu turno, a substituição de plantas e animais locais das áreas devastadas por outros oriundos de ecossistemas diferentes ou pelo monocultivo, trocando a diversidade da flora e fauna pela especialização dos cultivos e da criação, ativa dessa vez a contradição "superestrutural" e altera com desequilíbrio a cadeia alimentar do ecossistema. Essa ativação simultânea da contradição morfogênese-pedogênese e da contradição culturas-cadeia trófica própria impede a relação de aliança que precisaria haver entre homem e fitoestasia, tal como era possível nas sociedades comunitárias, mobilizando os efeitos ambientais que afetam o sistema socionatural como um todo. Tricart se encontra aqui com Waibel. Há, assim, um desencontro total de temporalidades. O tempo morfoestrutural, o tempo morfoclimático, o tempo geobotânico e o tempo social perdem a entrosagem natural e que, como tal, se mantinha nas sociedades de estrutura comunitária, desarticulando o todo dos modos de vida do planeta. Tricart aqui se encontra com Ab'Sáber, Monteiro e Milton Santos.

Ocorre que esses desencontros de estrutura ecológica são por isso mesmo desencontros de estrutura do espaço. A relação cidade-campo, enquanto aspecto territorial de base da ruptura socionatural da sociedade moderna, é também aqui ativada como contradição. O desenvolvimento desigual ativa aqui o movimento de expropriação-expulsão da população comunitária (o campesinato de Marx) ainda existente, no intuito de que não só se amplie continuamente a extensão de conversão territorial dos valores de uso da natureza em recursos disponibilizados para transformação em novos valores de troca, como também se reduza por concentração a extensão da área de valores de uso dos homens, carreados para converter-se em valores de troca de baixo preço na cidade. Uma enorme concentração urbana vai assim se formando ao lado de uma enorme área de campos despovoados, que ainda mais aumenta a distância entre campo e cidade e mais acentua o desequilíbrio da estrutura ecológico-territorial existente.

É esse moto-contínuo coordenado pela lei do desenvolvimento desigual que acaba por converter a sociedade da ruptura num sistema expandido em escala mundial. E leva a que se acelere, assim, a passagem das sociedades comunitárias em sociedade de ruptura ecológico-territorial em escala planetária, transformada em modo de produção e de vida de enorme parcela da humanidade. Quaini aqui atualiza Reclus. E referenda Rosa Luxemburgo. E toda a plêiade de renovadores dos anos 1970 que chamam a atenção para o significado contemporâneo da economia política do espaço.

O fato é que a ação reprodutora do espaço joga um papel essencial nessa estrutura. E junta numa análise Smith, Harvey e Milton Santos a Quaini, todos de olho em Lefebvre. A primeira e segunda natureza de Smith, a sobreacumulação de Harvey e o prático-inerte e a segunda natureza de Milton Santos jogam aqui o papel infaestrutural. E o arranjo espacial de Brunhes e George, o de controle. O espaço é a determinação que se destaca. Mas espaço que intervém na contradição de ser as duas pontas, infraestrutura e controle, a um só tempo, da teoria de Gomes. Acelerador como força produtiva instalada como infraestrutura. E freio como regulação de controle instalada como superestrutura. As duas faces mergulhadas na divisão territorial do trabalho. Na travessia, as tensões dos arranjos classistas que atropelam a sociedade de ruptura como um todo, da divisão territorial do trabalho aos organismos do Estado.

É quando a sociedade da ruptura ecológico-territorial de Quaini se revela a sociedade do espaço em migalhas da teoria de espacialidade diferencial de Lacoste. Uma teoria que arruma e rearruma a ideia de centro e periferia, o todo quebrado em vários centros e várias periferias, como em Becker, mas em Lacoste como um prisma ideológico e simbólico. Porque a diferencialidade espacial se mostra a própria escala dos múltiplos olhares do sujeito que vê, tantos são os segmentos de classes da sociedade ecológico-territorialmente fragmentada.

Não há nela como falar-se, pois, da percepção no singular. São os direitos sorreanos de Monteiro de colocar em suspenso o discurso de um espaço vivido, quando ele é um múltiplo de vivencialidades. Monteiro dialoga aqui com Sorre e Tuan, mas também com Lacoste. É já um truísmo entender-se que a cidade é o estuário para onde convergem as tensões e problemas da sociedade moderna. Dizer, com Monteiro, que clima em Geografia é antes de tudo a sensação do conforto-desconforto humano revelado pelos canais de percepção é reafirmar um vivido quebrado como um múltiplo. Cada pedaço de espaço da cidade é uma ilha. Não só de clima. Cada ilha é um micromundo. Um espaço vivido como fragmento. Daí que o todo seja uma espacialidade diferencial em migalhas. O espaço de um homem sem raízes no mundo.

Talvez seja por isso que a Geografia moderna tenha se tornado um mirante privilegiado para olhar-se a ciência moderna em crise. Uma implosão por estilhaçamento. Como o espaço geográfico moderno.

O fio de Ariadne

Duas inferências decorrem desse exercício de intercomplementaridade hipotética: o tema do fundamento epistemológico da integração, que designaremos o problema da entrada, e o tema do fundamento ontológico, que designaremos problema da geograficidade. Dois temas relacionados ao terceiro: o problema do enigma Brasil.

O problema da entrada

Toda a geração pós-Humboldt e Ritter tem-se visto enredada no problema de como conferir à Geografia o olhar de integração que resultaria na sua forma contemporânea de holismo. Expressões do tipo ciência de síntese e charneira entre as ciências naturais e as ciências humanas são sua melhor ilustração. Bem como o melhor retrato do seu impasse.

Desde a Geografia alemã da paisagem, originada na Geomorfologia e por fim formalizada com base na vegetação, a Fisiografia foi escolhida como a base de referência da integração, ora a Geomorfologia e ora a Climatologia aparecendo como essa base. Até que com a Geografia francesa florescesse o conceito de *habitat* e com ele a Geomorfologia se erige como o chão de base definitivo, através do conceito de sítio. Um meio-termo aparece tomando a região climática como referência, numa espécie de renascimento da teoria do sítio por outros caminhos. Nesse transcurso, a vegetação aparece como uma espécie de categoria de coagulação da totalidade, integrativa desde o ponto estrutural do meio.

Há, assim, na história do pensamento geográfico clássico o que designaríamos um problema de entrada. Um tema que se reitera no tempo.

O sítio como base de integração é a fórmula teórica que prevalece e perdura. Todavia, o sítio é uma categoria de suporte, receptáculo, de entrada a partir do chão.

O que indica a tese de um papel de entrada que a Geomorfologia por natureza não tem. Mas que explica o motivo porque na Geografia escolar ela é frequentemente confundida com a topografia e altimetria. Visto como um elemento-chave da interação do homem com a natureza, como encontramos em obras de referência como a *Geomorfologia do sítio urbano de São Paulo*, de Ab'Sáber, e de resto em toda a literatura geográfica brasileira, o sítio não é um fenômeno empírico, mas o chão, o substrato que se pisa, o alicerce a partir do qual a edificação da organização geográfica da sociedade se ergue fisicamente, não estruturalmente numa componente orgânica. Não é um dado orgânico que a estrutura holista do todo assimile constitutivamente.

É impossível não se ver nessa concepção a pura reafirmação do conceito do espaço-receptáculo da física de Newton, rejeitado por Humboldt e toda a tradição da filosofia romântica, a despeito mesmo de daí provir, via associação de Humboldt a Goethe, a sua própria nomenclatura de uma geomorfologia.

O fato é que o paradigma do sítio não logra dar conta do intento.

Há, porém, que se perguntar por que, depois da forte tradição da Geografia das plantas de Humboldt, o sítio vinga como paradigma de entrada. Sabemos que com a emergência da fábrica como indústria, que substitui a manufatura e o artesanato na História, substitui-se também os vegetais e animais como matérias-primas pelos minerais, engendrando o que chamamos alhures uma civilização geológica (Moreira, 2006). É, portanto, o subsolo que se passa a ter por base econômica e técnica da sociedade moderna a partir daí, não mais a flora e a fauna. E daí essa face material é emprestada como face e conceito para o todo da própria natureza. Explorar e organizar espacialmente uma área passa a ter, assim, por parâmetro as geociências. E fazer Geografia econômica significa limpar o terreno de toda sua cobertura vegetacional, para erguer-se diretamente do solo e do subsolo o *habitat* geográfico da sociedade.

Vem daí a noção da Geomorfologia como o arranjo de base da organização geográfica da sociedade. E o papel e o lugar paradigmático do sítio como categoria da integração. Sabemos que foi por conta dessa eleição paradigmática que a Geomorfologia extraiu uma hegemonia dentro da Geografia física que perdura na estrutura da Geografia de todo o mundo até hoje. E dá para perceber que essa é a origem da estrutura N-H-E como um modelo paradigmático. Como vimos na teoria da integração em camadas em Monbeig. E de resto em todo o formato geográfico que vem de referência em Febvre, que vê a Geografia como a ciência do chão espacial.

Expliquemos. Sabemos que a Geografia regional que se torna paradigmática na Geografia francesa, e daí mundialmente, vem da influência do *Quadros*, de Vidal. Mas a rigor não é a noção geológico-geomorfológica de chão o que vemos nesse livro. Vidal se inspira na regionalização da França na História natural do chão francês, não na Geomorfologia de fundo geológico que acabará por prevalecer. Vige ainda na época a noção de Geologia de Charles Lyell segundo a qual a Geologia é a História natural da vida no planeta Terra, contada a partir dos fósseis guardados nas entranhas das camadas da litosfera, o conjunto das camadas servindo como capítulos de um livro.

Uma visão integrada no sentido do holismo, pois. Essa perspectiva de uma História natural territorializada, que volta e meia será retomada mais à frente, como, por exemplo, em Deffontaines, Ab'Sáber e Silva na Geografia brasileira, é logo a seguir abandonada. Vimos por quê. Em seu lugar surge a da base geológico-geomorfológica que vai estabelecer-se e vigorar. Da Geografia regional se estende para a Geografia sistemática. E com esta projetada na forma da Geomorfologia se generaliza.

A teoria da fitoestasia de Tricart pode ser vista como um outro paradigma de entrada. Tricart é de formação geomorfológica. Tem suas origens na fusão da Geografia regional francesa com a Geomorfologia da paisagem da Geografia alemã, que deu frutos seja na Geomorfologia climatogenética de Büdel, seja na Geomorfologia antropológica de Felds, claros contrapontos a uma Geomorfologia geológica que busca ser hegemônica. E na visão da dialética da natureza de Engels. Sendo geomorfólogo, poderia parecer estranho que Tricart abandone a entrada geomorfológica do sítio para optar por uma entrada fitoestásica, uma via biogeográfica. O que não tem nada de estranho. Trata-se em Tricart de operar-se um deslocamento dentro de uma Geomorfologia que já nasce integrada, fundindo seminalmente Geologia, Climatologia e Hidrologia a que adenda a seguir a Biogeografia e toda a Geografia humana respeitante à teoria do espaço, e assim se transforma nos anos 1970 na sua forma de visão integrada, com a fitoestasia no papel de elemento de entrada, uma via que já se faz orgânica desde o umbral da entrada. E isso porque a faz pelo meio, não pelo chão, como espaço, portanto, não no espaço, a partir das estruturas relacionais dos ecossistemas. A própria Geomorfologia acaba entrando por essa porta, pela via de relação contraditória que trava com a pedogênese. E, assim, do controle fitoestásico.

Waibel advogava precisamente essa via. Não foi entendido nem pela Geografia agrária que se desenvolveu na esteira da sua influência.

E é também por meio desse deslocamento tricartiano que se ergue a versão brasileira da entrada, via teoria dos redutos-refúgios de Ab'Sáber. Aqui numa forma curiosa de envolver a vegetação. As ilhas de refúgio florestal estão no centro de sua teorização, mas as linhas de pedra é que centram o foco do seu olhar, o ambiente semiárido da caatinga formando o cenário da leitura (Viadana, 2002).

Seja como for, com a fitoestasia um outro paradigma de entrada se abre. Com a propriedade de resgatar Humboldt. E estar atual com a era da biorrevolução.

Assim como a emergência da fábrica trouxe consigo o paradigma de entrada do sítio geomorfológico, a emergência da biorrevolução parece trazer o paradigma da fitoestasia. Há em comum dois momentos de passagem: da primeira Revolução Industrial para a segunda, trocando o paradigma da Geografia das plantas de Humboldt para a Geografia do sítio geomorfológico dos geomorfologistas alemães, franceses e norte-americanos, e da segunda para a terceira, trocando o paradigma do sítio pelo da fitoestasia, como num retorno ao primeiro paradigma.

O fato é que a biorrevolução tende a restabelecer a centralidade que se tinha da esfera das plantas e dos animais como base da economia e da técnica de antes da primeira

Revolução Industrial. E a alterar de novo a ótica da compreensão das referências dos arranjos do espaço. Com a biorrevolução vem uma era técnica centrada na engenharia genética. E com esta a Biogeografia tende a vir a ser a referência do arranjo.

Esse deslocamento da centralidade do arranjo do espaço das geociências para as biociências já é percebido na mudança dos enfoques da teoria geográfica, de que é reflexo o deslocamento da teoria do espaço para a economia política do espaço e o retorno da sua relação com a teoria metabólica da relação homem-meio. A visão inorgânica e fragmentária vigorante no último século no mundo científico vem dando lugar desde os anos 1970 à visão orgânica e integrada da ecologia. Fato percebido por Tricart. E se desloca já agora para o campo da filosofia com o movimento de reformulação da teoria do conhecimento que elimine a separação do homem e da natureza e os ponha num mesmo campo de ciência.

A ordem do pensamento acompanha a ordem do real-empírico. E assim está em curso um claro reordenamento das bases da economia política do espaço. Todavia, com o fim de rearrumar o aspecto territorial da estrutura ecológico-territorial moderna analisada por Quaini, de modo que liberasse ainda mais o aspecto ecológico. A divisão territorial cidade-campo do trabalho vai dando lugar a uma organização do trabalho em rede, à base da complexidade prevista por Sorre como estrutura real do ecúmeno. É sabido que, já há algumas décadas, as empresas se organizam nos moldes da agroindústria, não mais das especializações fordistas, arrumando as relações espaciais nos mesmos moldes (Moreira, 2006 e 2008).

Assim, o que era próprio da cidade se evade para o campo, numa inversão da relação histórica do último século, organizando o campo em termos urbanos, ao mesmo tempo que a ordem agroindustrial do campo se generaliza como forma de organização da paisagem, inclusive da cidade. As paisagens se uniformizam bioengenheiralmente, numa espécie de nova forma de meio técnico-científico. E com centro no que Michel Foucault e Antonio Negri designam biopoder.

E o paradigma de entrada passa a ter por referência, de novo, a esfera do orgânico, em que preponderam os processos naturais de reprodução da vida. O orgânico dando a direção dos processos integrativos, como Humboldt previa para a Geografia das plantas, Waibel para a relação planta-solo e Sorre para o conceito de clima.

O problema da geograficidade

A entrada epistemológica se faz, todavia, uma aliada da entrada ontológica. Que compreendemos como o escopo da Geografia. As duas entradas juntas formam o que chamaríamos o conceito da totalidade homem-meio (Moreira, 1982).

Totalidade homem-meio é um conceito que busca ser uma forma de ligação da relação homem-natureza e relação homem-espaço pela via do trabalho metabólico. Numa visão holista inspirada em Marx.

Toda a tradição dos clássicos, vimos, oscila entre o eixo sociedade-natureza e sociedade-espaço. A renovação dos anos 1970 tenta encontrar o ponto de coalescência, Tricart pelo viés das escalas de meio ambiente, Smith pelo do desenvolvimento desigual da relação natureza-espaço e Quaini pelo da relação ecologia-território. Já de antes, Brunhes e George pensam fazê-lo pelo viés do arranjo do espaço.

Não obstante, o trabalho metabólico fica na periferia, como na solução fitoestásica, de Tricart. Ou do lado de fora, como na solução espaço-política de Smith. Quando muito, vem na forma emblemática da divisão territorial do trabalho. Por isso, o tema central da geograficidade – o espaço como forma e condição de existência do homem – não vem à tona e floresce. Silva faz uma das poucas tentativas, em face da sua condição de introdutor do viés ontológico no debate brasileiro.

É uma literatura mais restrita que vai, assim, ocupar-se com a versão metabólica. E já o fazendo na perspectiva conjunta da economia política do espaço e da teoria metabólica da relação homem-meio. Metabolismo e espaço combinados. Em sua maioria, a renovação centra-se na questão do meio ambiente ou na da economia política do espaço.

Entende-se que pôr em relação a troca metabólica e o arranjo do espaço que a organiza como existência é a condição necessária a uma visão holista de tradução ontológica. Sua essência é a relação necessidade-liberdade. Tudo começa no metabolismo. Mas esse é um momento ainda da necessidade. O princípio da ideação e da consciência – o homem como natureza consciente de si mesma de Reclus – é um ponto-chave do fluxo processual, mas preso ainda no preparo do salto. Àquilo que Hegel quis dizer ao definir a liberdade como a consciência da necessidade. O desfecho espacial é a forma concretizadora do salto do reino da necessidade para o reino da liberdade. O reino da liberdade enquanto História realizada. Daí a importância ontológica conferida por Brunhes ao arranjo do espaço na organização geográfica das sociedades.

Se esse é um arranjo espacial de homens efetivamente libertos ou prisioneiros de uma estrutura de classes, tem-se aí a dimensão epistemológica necessária do processo. E que no plano do conhecimento significa dizer o momento da intervenção analítica da categoria da totalidade. O significado ontológico do todo está posto. É preciso agora qualificá-lo empiricamente no campo analítico da totalidade vista à luz da integralidade.

É precisamente este exercício que a recepção europeia das páginas de Léry percebe. O que explica que mulheres e homens que aí se movem difiram dos da Europa que os olha? Indaga-se. Não é a natureza exuberante dos trópicos!

Por isso que Lévi-Strauss vê em Léry um autor admiravelmente etnográfico. São os detalhes que escolhe e o que através dele mostra o que assim o torna. *Viagem à terra do Brasil* não é uma obra de antropologia. Mas que explicações do enigma Brasil os antropólogos daí não tiraram!

Silva designou geossociabilidade a esse enfoque. Um arranjo natural e social estruturado num conteúdo societário e que para ele forma todo um modo de vida E que alhures designamos geograficidade (Moreira, 2007). Não é a primeira vez que a sociabilidade aparece como uma categoria de essência no pensamento geográfico.

Sorre utiliza-o intensamente. Mas há um fundo de metabolismo em Silva que falta neste. Sorre materializa-o no seu conceito do ecúmeno. Silva no do lugar social. Falta-lhes, contudo, o toque do arranjo espacial. Precisamente o nível estrutural de escala que leva ao mergulho no espaço como ontologia. Ao ser do espaço, enfim, tão insistentemente procurado por Silva. Ao entrelaço da ontologia com a epistemologia. Tudo por meio das interações que se estabelecem entre as categorias da totalidade, da integralidade e do holismo e que põem na totalidade empírica a ordem do significado que, em geral, lhe falta e ao significado a ordem da totalidade empírica que, em geral, falta a este também. Como vimos a propósito do problema do enigma Brasil. É o arranjo do espaço que vai propiciar esses entrelaces e saltos de níveis de consciência. Via o giro das comparações.

Quando os europeus se entreolhavam suscitados pelo olhar que projetavam sobre si mesmos através do olhar com que viam os índios, estavam realizando um giro espacial completo de comparação. Só se pode reconhecer a si mesmo quem se reconhece no outro. Mas não há como realizá-lo se não há um arranjo espacial que ofereça o giro. Por isso foi a diferença, não a identidade, o que moveu o homem no espaço e o fez um curioso de conhecê-lo. A alteridade, eis o que buscava. A identidade vem depois. E em decorrência. E sabe-se que a identidade só se reafirma quando a diferença persiste.

O que é próprio da realização ontológica do metabolismo homem-meio é esse ver-se no projetar-se espacial sobre o outro. Uma certa tradução de Reclus recolheu a ideia equivocada de consciência como o idêntico do homem visto a si mesmo pelo espelho da natureza. Como um eu idêntico ao não eu, para usarmos as categorias dos filósofos do idealismo romântico do seu tempo. O mesmo que se disse de Marx. Homem e natureza conscientes de si mesmos por fusão de identidade. Mas aí o idêntico não vem como resultado. Fecha e se esgota em si mesmo. E então se põe como um já dado, morto. Um raciocínio longe de Reclus. Anos-luz distante de Marx.

Há que se pautar, assim, a relação ontológica necessária entre o significado e a totalidade na e através da forma dos arranjos do espaço. A importância do significado na leitura da totalidade e da totalidade na leitura do significado são duas formas de exercitar a comparação. No miolo geográfico do entreolhar espacial, a integração do holismo metabólico. Sem o que não pode haver significado e totalidade. Muito menos geograficidade. É onde a entrada epistemológica se faz ontológica.

A reciprocidade geográfica da leitura epistemológico-ontológica que está implícita na inter-relação totalidade-integralidade-holismo pressupõe a presença central da integração homem-natureza, pela via da instância do meio (a esfera orgânica das plantas), e a não menos central da relação homem-espaço, pela via do arranjo espacial. Tudo se resolvendo no movimento de ir e vir entre essas três categorias. O ser natural e sua completude no ser social na forma do ser do arranjo, para remedar a geossociabilidade de Silva.

Por onde o fio passa

É o quadro do arranjo do espaço, sempre no sentido ontológico de Brunhes, não no metodológico de George, a sala de espelhos da geograficidade. Por isso que se toma o caleidoscópio para imagem de exemplo da espacialidade diferencial de Lacoste. E o pan-óptico para as fazendas cafeeiras de Monbeig. É no arranjo do espaço que o metabolismo do homem e da natureza se realiza como Geografia. A recorrência constante às determinações da divisão territorial do trabalho sobre as relações entre o homem e a natureza no todo do arranjo do espaço é um exemplo heurístico. Mais que econômico. É nele e através dele que a determinação do espaço num retorno sobre a relação metabólica ganha a concretude demonstrada por Smith. E é levada até o ponto do sentido ontológico da sociedade de ruptura ecológico-territorial de Quaini. Duas diferentes traduções de geograficidade.

Retomar o fio geográfico desde o ponto em que foi rompido na passagem da Geografia dos fundadores para a Geografia clássica pelo pacto febvriano tornou-se, assim, uma necessidade inadiável. Até porque a crise paradigmática traz o efeito benéfico para a Geografia de resgatar precisamente Humboldt e Ritter para a contemporaneidade.

Não é uma estranha coincidência a ruptura ecológico-territorial de Quaini e a morte de Humboldt e Ritter terem ocorrido no mesmo momento. Do contrário, teria apenas valor cabalístico o ano de 1859. Aí morrem Humboldt e Ritter, Darwin e Marx lançam seus livros de referência, nascem Husserl e Hettner, a primeira Revolução Industrial dá lugar à segunda e o capitalismo liberal ao capitalismo monopolista. Cem anos depois, o circuito do ciclo que aí se abre se completa. Como numa espiral que abre seu arco numa absoluta negação da repetição do mesmo. Humboldt é de novo referência. Mas agora como obra da biorrevolução. Com ele renasce o paradigma de relação homem-natureza deliberadamente esquecido por todo esse tempo. E se anuncia o retorno de Ritter. O olhar do arranjo do espaço que renasce como a categoria de correção dos rumos de um processo de construção-destruição da superfície terrestre convertida na morada do valor de troca que afetou profundamente todo o universo do metabolismo.

Humboldt e Ritter voltam. Brunhianamente. Junto com eles, a biorrevolução. A Geografia da natureza viva que anuncia a ameaça do biopoder. Talvez simbolicamente com centro geográfico justamente no Brasil. Simbolicamente, porém, também na reafirmação da teoria geográfica de Brunhes. O geógrafo que faz a ponte entre a geografia francesa de Reclus, Vidal, Sorre, Deffontaines e Monbeig, a geografia alemã de Ratzel, Hettner e Waibel e a geografia norte-americana de Sauer e Hartshorne – com a geografia brasileira no meio – e o grande crítico dos arranjos do espaço moderno.

BIBLIOGRAFIA

AB'SÁBER, Aziz Nacib. *Geomorfologia do sítio urbano de São Paulo*. Cotia: Ateliê, 2007.

______. *O que é ser geógrafo*. Rio de Janeiro/São Paulo: Record, 2007.

______. *Brasil: paisagens de exceção*. O litoral e o Pantanal mato-grossense – patrimônios básicos. Cotia: Ateliê, 2006.

______. *Amazônia*: do discurso à práxis. São Paulo: Edusp, 2004.

______. *Os domínios de natureza no Brasil*. Potencialidades paisagísticas. Cotia: Ateliê, 2003.

______; BERNARDES, Nilo. *Vale do Paraíba, serra da Mantiqueira e arredores de São Paulo*. Rio de Janeiro: IBGE/UGI, 1958. (Guia de Excursão n. 4.)

ABREU, Maurício de A. *Evolução urbana do Rio de Janeiro*. Rio de Janeiro: IplanRio, 1997.

______. Estudo geográfico da cidade no Brasil: evolução e avaliação (contribuição à história do pensamento geográfico brasileiro). *Revista Brasileira de Geografia*. Rio de Janeiro: IBGE, n. 1/4, ano 56, 1994.

______. A geomorfologia no Brasil – "História da ciência: perspectiva científica". *Revista de História*. São Paulo: Edusp, n. 46, 1974.

ALMEIDA, Fernando F. M.; LIMA, Miguel Alves de. *Planalto Centro-Ocidental e Pantanal mato-grossense*. Rio de Janeiro: IBGE/UGI, 1959. (Guia de Excursão n. 1.)

ANDRADE, Gilberto Osório. Os rios-do-açúcar do Nordeste oriental: o rio Ceará-Mirim. Recife: Fundação Instituto Joaquim Nabuco, 1957, v. I.

______. Os rios-do-açúcar do Nordeste oriental: o rio Paraíba do Norte. Recife: Fundação Instituto Joaquim Nabuco, 1959, v. III.

ANDRADE, Manuel Correia de. *A terra e o homem no Nordeste*. 3. ed. São Paulo: Brasiliense, 1973.

______. *Paisagens e problemas do Brasil*. Aspectos da vida rural brasileira frente à industrialização e ao crescimento econômico. São Paulo: Brasiliense, 1968.

______. *A guerra dos cabanos*. Rio de Janeiro: Conquista, 1968.

______. Os rios-do-açúcar do Nordeste oriental: o rio Mamanguape. Recife: Fundação Instituto Joaquim Nabuco, 1957, v. II.

______. Os rios-do-açúcar do Nordeste oriental: os rios Coruripe, Jiquiá e São Miguel. Recife: Fundação Instituto Joaquim Nabuco, 1959, v. IV.

ANDREONI, João António (André João Antonil). *Cultura e opulência do Brasil*. São Paulo: Companhia Editora Nacional, 1967.

ANTUNES, Charlles da França. *A associação dos geógrafos brasileiros (AGB) – origens, ideias e transformações*: notas de uma história. Tese de Doutorado. Rio de Janeiro: PPGEO/UFF, 2008.

AZEVEDO, Aroldo. *Regiões e paisagens do Brasil*. São Paulo: Companhia Editora Nacional, 1954.

______ (org.). *Brasil, a terra e o homem*. São Paulo: Companhia Editora Nacional, 1968.

______ (org.). *A cidade de São Paulo*. Estudos de Geografia urbana. São Paulo: Companhia Editora Nacional, 1958.

BARROS, Haidine da Silva. O cariri cearense: o quadro agrário e a vida urbana. *Revista Brasileira de Geografia*. Rio de Janeiro: IBGE, n. 4, ano 26, 1964.

BECKER, Bertha K. *Amazônia*: geopolítica na virada do III milênio. Rio de Janeiro: Garamond, 2004.

______. *Geopolítica da Amazônia. A nova fronteira de recursos*. Rio de Janeiro: Zahar, 1982.

______; EGLER, Claudio A. *Brasil – Uma nova potência regional na economia-mundo*. Rio de Janeiro: Bertrand Brasil, 1993.

BENCI, Jorge. *Economia cristã dos senhores no governo dos escravos*. São Paulo: Grijalbo, 1977.

BERNARDES, Lysia Maria Cavalcanti. Expansão do espaço urbano no Rio de Janeiro. *Revista Brasileira de Geografia*. Rio de Janeiro: IBGE, n. 3, ano 23, 1961.

______. *Planície litorânea e zona canavieira do estado do Rio de Janeiro*. Rio de Janeiro: IBGE/UGI, 1957. (Guia de Excursão n. 5.)

______. Clima do Brasil. *Boletim Geográfico*. Rio de Janeiro: IBGE, n. 103, ano IX, 1951.

______. Os tipos de clima do Brasil. *Boletim Geográfico*. Rio de Janeiro: IBGE, n. 105, ano IX, 1951.

BERNARDES, Nilo. O problema do estudo do *habitat* rural no Brasil. *Boletim Geográfico*. Rio de Janeiro: IBGE, n. 176, ano XXII, 1963.

______. Bases do povoamento do estado do Rio Grande do Sul. *Boletim Geográfico*. Rio de Janeiro: IBGE, n. 171 e 172, 1962.

______. Notas sobre ocupação humana da montanha no Distrito Federal. *Revista Brasileira de Geografia*. Rio de Janeiro: IBGE, n. 3, ano XXI, 1959.

CARDIM, Fernão. *Tratado da terra e gente do Brasil*. São Paulo: Companhia Editora Nacional, 1939.

CARLOS, Ana Fani Alessandri. *O lugar no/do mundo*. São Paulo: Hucitec, 1996.

CASTRO, Josué de. *Sete palmos de terra e um caixão*. Ensaio sobre um Nordeste explosivo. São Paulo: Brasiliense, 1966.

______. *Geopolítica da fome*. Ensaio sobre os problemas de alimentação e de população. São Paulo: Brasiliense, 1965.

______. *Geografia da fome*. São Paulo: Brasiliense, 1959.

______. *Ensaios de Geografia humana*. São Paulo: Brasiliense, 1959.

______. *O livro negro da fome*. São Paulo: Brasiliense, 1957.

______. *A alimentação brasileira à luz da Geografia humana*. Rio de Janeiro: Globo, 1937.

CORRÊA, Roberto Lobato. Contribuição ao estudo do papel dirigente das metrópoles brasileiras. *Revista Brasileira de Geografia*. Rio de Janeiro: IBGE, n. 2, ano 30, 1968.

______. Os estudos de redes urbanas no Brasil. *Revista Brasileira de Geografia*. Rio de Janeiro: IBGE, n. 4, ano 29, 1967.

______. Contribuição ao estudo da área de influência de Aracaju. *Revista Brasileira de Geografia*. Rio de Janeiro: IBGE, n. 2, ano 27, 1965.

CUNHA, Euclydes da. *Os sertões*. Campanha de Canudos. 35. ed. Rio de Janeiro: Francisco Alves, 1995.

DANSEREAU, Pierre. Introdução à Biogeografia. *Revista Brasileira de Geografia*. Rio de Janeiro: IBGE, n. 1, ano XI, 1949.

DAVIDOVICH, Fanny. Formas de projeção espacial das cidades na área de influência de Fortaleza. *Revista Brasileira de Geografia*. Rio de Janeiro: IBGE, n. 2, ano 33, 1971.

DEFFONTAINES, Pierre. *A Geografia humana do Brasil*. Rio de Janeiro: Casa do Estudante do Brasil, 1952.

DEMANGEOT, Jean. *O continente brasileiro*. São Paulo: Difel, 1974.

DOMINGUES, Alfredo José Porto; KELLER, Elza Coelho de Souza. *Bahia*. Rio de Janeiro: IBGE/UGI, 1958. (Guia de Excursão n. 6.)

EGLER, Walter Alberto. A zona pioneira ao norte do rio Doce. *Revista Brasileira de Geografia*. Rio de Janeiro: IBGE, n. 2, ano 13, 1951.

Etges, Virgínia Elisabeta. *Geografia agrária*: a contribuição de Leo Waibel. Santa Cruz do Sul: Edunisc, 2000.

Ferreira, Alexandre Rodrigues. *Viagem filosófica pelas capitanias do Grão-Pará, Rio Negro, Mato Grosso e Cuiabá.* Brasília: cfc/din, 1974.

Ferreira, Darlene Aparecida de Oliveira. *Mundo rural e Geografia* – Geografia agrária no Brasil: 1930-1990. São Paulo: Editora Unesp, 2002.

Florence, Hercules. *Viagem fluvial do Tietê ao Amazonas de 1825 a 1829.* São Paulo: Cultrix/Edusp, 1977.

França, Ary. *A marcha do café e as frentes pioneiras.* Rio de Janeiro: ibge/ugi, 1960. (Guia de Excursão n. 3.)

______. *Estudo sobre o clima da bacia de São Paulo.* São Paulo: ffcl/usp, 1945, (Geografia n. 3.)

Freyre, Gilberto. *Nordeste.* Aspectos da influência da cana sobre a vida e a paisagem do Nordeste do Brasil. 5. ed. Rio de Janeiro: José Olympio, 1985.

Furtado, Celso. *Formação econômica do Brasil.* Rio de Janeiro: Companhia Editora Nacional, 1958.

Galvão, Marília Velloso. Regiões bioclimáticas do Brasil. *Revista Brasileira de Geografia.* Rio de Janeiro: ibge, n. 1, ano 29, 1967.

Gandavo, Pero de Magalhães. *Tratado da terra do Brasil.* Belo Horizonte/São Paulo: Itatiaia/Edusp, 1980.

______. *História da província de Santa Cruz que vulgarmente chamamos Brasil.* Lisboa: Biblioteca Nacional, 1984.

Geiger, Pedro Pinchas. Modelo da estrutura espacial no Brasil. *Curso Para Professores de Geografia.* Rio de Janeiro: ibge, n. 16, 1970.

______. *Evolução da rede urbana brasileira.* Rio de Janeiro: mec/Ibep, 1963.

______; Davidovich, Fanny. Reflexões sobre a evolução da estrutura espacial do Brasil sob o efeito da industrialização. *Revista Brasileira de Geografia.* Rio de Janeiro: ibge, v. 36, n. 3, 1974.

______. Aspectos do fato urbano no Brasil. *Revista Brasileira de Geografia.* Rio de Janeiro: ibge, n. 2, ano 23, 1961.

______; Mesquita, Myriam Gomes Coelho. *Estudos rurais da baixada fluminense.* Rio de Janeiro: ibge, 1956.

George, Pierre. *O homem na terra.* A Geografia em acção. Lisboa: Edições 70, 1993.

______. *La era de las técnicas*: construcciones o destrucciones? Caracas: Monte Ávila, 1989.

______. *Précis de géographie urbaine.* Paris: Presses Universitaires, 1963.

______. *La ville.* Paris: Presses Universitaires, 1952.

Gomes, Horieste. *Reflexões sobre teoria e crítica em Geografia.* Goiânia: ucg/Vieira, 2007.

______. *A produção do espaço geográfico no capitalismo.* São Paulo: Contexto, 1990.

Guerra, Antonio Teixeira. *Coletânea de textos geográficos de Antonio Teixeira Guerra.* Rio de Janeiro: ibge, 1994.

______. Processo de alteração dos sedimentos e das rochas. Laterização. *Boletim Geográfico.* Rio de Janeiro: ibge, n. 96, ano viii, 1951.

Guimarães, Alberto Passos. *Quatro séculos de latifúndio.* São Paulo: Fulgor, 1964.

Holanda, Sérgio Buarque de. *Raízes do Brasil.* Rio de Janeiro: José Olympio, 1986.

IBGE. *Geografia do Brasil.* Região Centro-Oeste. Rio de Janeiro: ibge, 1989, v. 1.

______. *Região Sul.* Rio de Janeiro: ibge, 1990, v. 2.

______. *Geografia do Brasil.* Região Norte. Rio de Janeiro: ibge, 1977, v. 1.

______. *Região Nordeste.* Rio de Janeiro: ibge,1977, v. 2.

______. *Região Sudeste.* Rio de Janeiro: ibge, 1977, v. 3.

______. *Região Centro-Oeste.* Rio de Janeiro: ibge, 1977, v. 4.

______. *Região Sul.* Rio de Janeiro: ibge, 1977, v. 5.

______. *Geografia do Brasil.* Grande Região Norte. Rio de Janeiro: ibge, 1959, v. i.

______. *Grande Região Centro-Oeste.* Rio de Janeiro: ibge, 1960, v. ii.

______. *Grandes Regiões meio-norte e Nordeste.* Rio de Janeiro: ibge, 1962, v. iii.

______. *Grande Região Sul.* Rio de Janeiro: ibge, 1963, v. iv.

______. *Grande Região Leste.* Rio de Janeiro: ibge, 1965, v. v.

______. *Atlas do Brasil.* Rio de Janeiro: ibge, 1960.

______. *Atlas Nacional do Brasil.* Rio de Janeiro: IBGE, 1966.

______. *Atlas Nacional do Brasil.* Rio de Janeiro: IBGE, 2000.

______; GGI. Estudos para a Geografia das indústrias do Brasil Sudeste. *Revista Brasileira de Geografia.* Rio de Janeiro: IBGE, n. 2, ano 25, 1963.

______; IPEA. Estudos básicos para definição de polos de desenvolvimento no Brasil. *Revista Brasileira de Geografia.* Rio de Janeiro: IBGE, n. 1, ano 29, 1967.

KUHLMANN, Edgar. O domínio da caatinga. *Boletim Geográfico.* Rio de Janeiro: IBGE, n. 241, ano 33, 1974.

______. Curso de Biogeografia. *Boletim Geográfico.* Rio de Janeiro: IBGE, n. 236, ano 32, 1973.

______. Vegetação campestre do Planalto Meridional do Brasil. *Revista Brasileira de Geografia.* Rio de Janeiro: IBGE, n. 2, ano XIV, 1962.

LAGENBUCH, Juergen Richard. O sistema viário da aglomeração paulista. Apreciação geográfica da situação atual. *Revista Brasileira de Geografia.* Rio de Janeiro: IBGE, n.2, ano 33, 1971.

______. *A estruturação da Grande São Paulo.* Estudo de Geografia urbana. Rio de Janeiro: IBGE, 1971.

LE LANNOU, Maurice. *O Brasil.* Lisboa: Europa-América, 1957.

LÉRY, Jean de. *Viagem à terra do Brasil.* São Paulo: Martins Fontes, 1960.

LISBOA, Pedro L. B.; ELER, Cláudio Antonio; OVERAL, William L. *Coletânea de trabalhos de Walter A. Egler.* Belém: Museu Paraense Emilio Goeldi, 1992.

MACHADO, Mônica Sampaio. *A construção da Geografia universitária no Rio de Janeiro.* Rio de Janeiro: Apicuri/ Faperj, 2009.

MAGALHÃES, José Cezar de. O porto de Paranaguá. *Revista Brasileira de Geografia.* Rio de Janeiro: IBGE, n. 1, ano 26, 1964.

MAGALHÃES, Rosana. Fome: uma (re)leitura de Josué de Castro. Rio de Janeiro: Fiocruz, 1997.

MAGNANINI, Alceo. A situação atual da Biogeografia no Brasil. *Revista Brasileira de Geografia.* Rio de Janeiro: IBGE, n. 4, ano XIV, 1952.

MAMIGONIAN, Armen. Estudo geográfico da indústria em Blumenau. *Revista Brasileira de Geografia.* Rio de Janeiro: IBGE, n. 3, ano 27, 1965.

MARCGRAVE, Jorge. *História natural do Brasil.* São Paulo: Museu Paulista/Imprensa Oficial do Estado de São Paulo, 1942.

MATTOS, Dirceu Lino de. *A região da Baixa Mogiana.* Contribuição ao estudo da Geografia agrária do ponto de vista do uso da terra. São Paulo: Faculdade de Ciências Econômicas e Administrativas de São Paulo/USP, 1959.

MEISS, Maria Regina Mousinho de. Considerações geomorfológicas sobre o médio Amazonas. *Revista Brasileira de Geografia.* Rio de Janeiro: IBGE, n. 2, ano 30, 1968.

MELO, Mario Lacerda de. *O açúcar e o homem.* Problemas sociais e econômicos do Nordeste canavieiro. Recife: MEC/IJNPS, 1975.

______. *Paisagens do Nordeste em Pernambuco e Paraíba.* Rio de Janeiro: IBGE/UGI, 1958. (Guia de Excursão n. 7.)

MESQUITA, Olindina Vianna; SILVA, Solange Tietzmann. Regiões agrícolas do estado do Paraná. Uma definição estatística. *Revista Brasileira de Geografia.* Rio de Janeiro: IBGE, n. 1, ano 32, 1970.

______; GUSMÃO, Rivaldo Pinto. Proposições metodológicas para estudo de desenvolvimento rural no Brasil. *Revista Brasileira de Geografia.* Rio de Janeiro: IBGE, n. 3, ano 38, 1976.

MONBEIG, Pierre. *O Brasil.* 4. ed. São Paulo: Difel, 1985.

______. *Pioneiros e fazendeiros de São Paulo.* São Paulo: Hucitec/Polis, 1984.

______. *Novos estudos de Geografia humana brasileira.* São Paulo: Difusão Europeia do Livro, 1957.

______. *Ensaios de Geografia humana.* São Paulo: Martins, 1940.

MONTEIRO, Carlos Augusto de Figueiredo. *Clima e excepcionalismo.* Conjecturas sobre o desempenho da atmosfera como fenômeno geográfico. Florianópolis: Editora UFSC, 1991.

______. *Teoria e clima urbano.* São Paulo: USP/IG, 1976. (Série Teses e Monografias n. 25.)

______; MENDONÇA, Francisco. *Clima urbano.* São Paulo: Contexto, 2003.

MORAES, Antonio Carlos Robert e COSTA, Wanderley Messias. *Geografia crítica.* A valorização do espaço. São Paulo: Hucitec, 1984.

MOREIRA, Ruy. A reestruturação espacial e as novas formas de sujeitos e conflitos nas relações geográficas deste começo de século. São Paulo: *Terra Livre*, ano 24, v. 1, n. 30, 2008.

______. Ser-tões: o universal no regionalismo de Graciliano Ramos, Mário de Andrade e Guimarães Rosa. In: *Pensar e ser em Geografia*. São Paulo: Contexto, 2007.

______. Diálogo com os humanos e os físicos: por um mundo experimentado por inteiro. In: *Pensar e ser em Geografia*. São Paulo: Hucitec, 2007.

______. *Para onde vai o pensamento geográfico?* São Paulo: Contexto, 2006.

______. *O movimento operário e a questão cidade-campo no Brasil*. Estudo sobre sociedade e espaço. Petrópolis: Vozes, 1985.

______. Geografia, ecologia, ideologia: a "totalidade homem-meio" hoje (espaço e processo do trabalho). In: *Geografia*: teoria e crítica – o saber posto em questão. Petrópolis: Vozes, 1982.

NETO, João Lima Sant'Anna. *História da Climatologia no Brasil*. Gênese e paradigmas do clima como fenômeno geográfico. Florianópolis: UFSC/CFH, 2004. (Série Cadernos Geográficos n. 7.)

NIMER, Edmon. *Climatologia do Brasil*. Rio de Janeiro: IBGE, 1979.

______. Circulação atmosférica do Brasil. *Revista Brasileira de Geografia*. Rio de Janeiro: IBGE, n. 3, ano 28, 1966.

OLIVEIRA, Ariovaldo Umbelino. *A agricultura camponesa no Brasil*. São Paulo: Contexto, 1991.

______. *A Geografia das lutas de classes*. São Paulo: Contexto, 1988.

OLIVEIRA, Francisco de. *Elegia para uma re(li)gião*. Sudene, Nordeste, planejamento e conflito de classes. Rio de Janeiro: Paz e Terra, 1977.

PRADO JR., Caio. *História econômica do Brasil*. 22. ed. São Paulo: Brasiliense, 1971.

______. *Formação do Brasil Contemporâneo*. Colônia. São Paulo: Martins Fontes, 1942.

______. *Evolução política brasileira e outros estudos*. Ensaio de interpretação materialista da História do Brasil. São Paulo: Martins, 1933.

RUELLAN, Francis. *O escudo brasileiro e os dobramentos de fundo*. Rio de Janeiro: Faculdade Nacional de Filosofia/ Universidade do Brasil, 1952.

SAINT-HILAIRE, Auguste de. *Viagem ao Rio Grande do Sul (1820-1821)*. São Paulo: Itatiaia/Edusp, 1974.

______. *Viagem à província de São Paulo*. São Paulo: Martins/Edusp, 1972.

______. *Viagens pela província do Rio de Janeiro e Minas Gerais*. São Paulo: Companhia Editora Nacional, 1938.

SALGUEIRO, Heliana Angotti (org). *Pierre Monbeig e a Geografia humana brasileira* – a dinâmica da transformação. São Paulo/Bauru: Fapesp/Edusc, 2006.

SANTOS, Douglas. *A reinvenção do espaço*. Diálogos em torno da construção do significado de uma categoria. São Paulo: Editora Unesp, 2002.

SANTOS, Milton. *Por uma outra globalização*. Do pensamento único à consciência universal. Rio de Janeiro/São Paulo: Record, 2000.

______. *A natureza do espaço*. Técnica e tempo. Razão e emoção. São Paulo: Hucitec. 1996.

______. *Por uma Geografia nova*. Da crítica da Geografia a uma Geografia crítica. São Paulo: Hucitec, 1978.

______. *O trabalho do geógrafo no terceiro mundo*. São Paulo: Hucitec, 1978.

______. Do espaço sem nação ao espaço transnacionalizado. In: RATTNER. Henrique (org). *Brasil 1990 – caminhos alternativos do desenvolvimento*. São Paulo: Brasiliense, 1979.

______. *O centro de Salvador*. Estudo de Geografia urbana. Salvador: Aguiar & Souza/Progresso, 1959.

______. *Zona do cacau*. Introdução ao estudo geográfico. São Paulo: Companhia Editora Nacional, 1957.

______; SILVEIRA, María Laura da. *O Brasil: território e sociedade no início do século XXI*. Rio de Janeiro: Record, 2001.

SILVA, Armando Correa da. *Geografia e lugar social*. São Paulo: Contexto, 1991.

______. *De quem é o pedaço?* Espaço e cultura. São Paulo: Hucitec, 1986.

______. *O espaço fora do lugar*. São Paulo: Hucitec, 1978.

______. O espaço geográfico como totalidade. In: *O espaço fora do lugar*. São Paulo: Hucitec, 1978.

SOARES, Lúcio de Castro. *Amazônia*. Rio de Janeiro: IBGE/UGI, 1963. (Guia de Excursão n. 8.)

SOARES, Maria Therezinha de Segadas. Fisionomia e estrutura do Rio de Janeiro. *Revista Brasileira de Geografia*. Rio de Janeiro: IBGE, n. 3, ano 27, 1965.

SPIX, Johann Baptist von; MARTIUS, Carl Friedrich de Philipp von. *Viagem pelo Brasil (1817-1820)*. Belo Horizonte/São Paulo: Itatiaia/Edusp, 1981.

STADEN, Hans. *Duas viagens pelo Brasil*. Belo Horizonte/São Paulo: Itatiaia/Edusp, 1974.

STRAUCH, Ney. *Zona metalúrgica de Minas Gerais e vale do rio Doce*. Rio de Janeiro: IBGE/UGI, 1958. (Guia de Excursão n. 2.)

SUERTEGARAY, Dirce. *Deserto grande do Sul* – controvérsia. Porto Alegre: Editora UFRGS, 1998.

TARIFA, José Roberto. Estudo preliminar das possibilidades agrícolas da região de Presidente Prudente, segundo balanço hídrico de Thornthwaite. *Boletim Geográfico*. Rio de Janeiro: IBGE, n. 217, ano 29, 1970.

THEVET, André. *A cosmografia universal*. Rio de Janeiro: Fundação Darcy Ribeiro, 2009.

______. *As singularidades da França Antarctica*. São Paulo: Companhia Editora Nacional, 1944.

TRICART, Jean. *Cours de géographie humaine*. Fac. II. L'habitat urbaine. Paris: Centre de Documentation Universitaire, 1954.

VALVERDE, Orlando. *Estudos de Geografia agrária brasileira*. Petrópolis: Vozes, 1984.

______. *A organização do espaço na faixa da transamazônica*. Rio de Janeiro: IBGE, 1979.

______. *A rodovia Belém-Brasília*. Estudo de Geografia regional. Rio de Janeiro: IBGE, 1967.

______. *Geografia agrária do Brasil*. Rio de Janeiro: MEC/Ibep, v. 1, 1964.

______. *O Planalto Meridional do Brasil*. Rio de Janeiro: IBGE/UGI, 1957. (Guia de Excursão n. 9.)

VESENTINE, José William. *A capital da geopolítica*. São Paulo: Ática, 1986.

VIADANA, Adler Guilherme. *A teoria dos refúgios florestais aplicada ao estado de São Paulo*. Rio Claro: Edição do Autor, 2002.

VIANA, Oliveira. *Populações meridionais do Brasil*. Rio de Janeiro: Paz e Terra/Fundação Oliveira Viana, 1974.

VITTE, Antonio Carlos. Da metafísica da natureza à gênese da Geografia física moderna. *GEOgraphia*. Rio de Janeiro: PPGEO/UFF, n. 15, ano VIII, 2006.

WAIBEL, Leo. *Capítulos de Geografia tropical e do Brasil*. Rio de Janeiro: IBGE, 1958.

O AUTOR

Ruy Moreira

Professor associado 2 do Departamento de Geografia da Universidade Federal Fluminense (UFF), o autor vem se dedicando a pesquisas cruzadas no campo da teoria e da epistemologia geográfica e da organização espacial da sociedade brasileira, objetivando situar o formato da teoria geral que defina o olhar próprio da Geografia e do geógrafo diante da tarefa dos saberes de dissecar o real estrutural do mundo e do Brasil. É mestre em Geografia pela Universidade Federal do Rio de Janeiro (UFRJ) e doutor em Geografia Humana pela Universidade de São Paulo (USP). Autor de diversos artigos e livros na área, publicou pela Contexto *Para onde vai o pensamento geográfico?*, *Pensar e ser em geografia*, *O pensamento geográfico brasileiro vol. 1 – as matrizes clássicas originárias* e *O pensamento geográfico brasileiro vol. 2 – as matrizes da renovação*, além deste livro.

O PENSAMENTO GEOGRÁFICO BRASILEIRO – VOL. 1

as matrizes clássicas originárias

Ruy Moreira

Quais geógrafos tiveram papel-chave na formação da Geografia brasileira? Neste primeiro volume de uma obra prevista para três são destrinchadas e analisadas as obras de sete autores clássicos – Elisée Reclus, Vidal de La Blache, Jean Brunhes, Max Sorre, Pierre George, Jean Tricart e Richard Hartshore.

Na primeira parte do livro, Ruy Moreira traça o quadro da formação histórica da Geografia moderna e da Geografia clássica dentro dela, analisa o conceito de clássicos e oferece um conceito de matriz em Geografia à luz dos comentários críticos da tradição de escolas e da tradição de geografias setoriais.

Para facilitar, pensando num diálogo simultâneo com o leitor dentro do livro, apresenta na segunda parte um resumo crítico de cada obra escolhida, tomando por base o que exprime o núcleo lógico do pensamento nela desenvolvido.

A terceira parte, por fim, faz o balanço analítico das ideias dos autores, comparando seus conceitos e enfoques, mostrando seus alinhamentos, estabelecendo entrecruzamentos e correspondências de epistemologias.

O leitor é convidado, assim, a conferir ele mesmo a atualidade e a influência desses clássicos no pensamento recente, na e para além do âmbito imediato da Geografia.

O PENSAMENTO GEOGRÁFICO BRASILEIRO – VOL. 2

as matrizes da renovação

Ruy Moreira

Este segundo livro da trilogia de Ruy Moreira sobre o pensamento geográfico brasileiro mostra o intenso movimento de crítica e a renovação do pensamento geográfico no mundo e no Brasil entre 1950 e 1970. Nesta obra, o autor analisa as ideias de David Harvey, Neil Smith, Massimo Quaini, Jean Tricart, Milton Santos, Yi-Fu Tuan e Yves Lacoste.

Com o intuito de abrigar o espectro mais amplo do movimento da renovação tal como ocorreu no mundo, mas visto a partir de sua ocorrência no Brasil, este segundo volume foi dividido em quatro partes. A primeira analisa o momento de auge da geografia clássica e apresenta as primeiras críticas. A segunda oferece o resumo crítico das sete obras escolhidas para apoio da análise do movimento renovador. A terceira parte traça a síntese da teoria que cada autor oferece em seu livro como alternativa às teorias clássicas. A quarta parte, por fim, faz o balanço avaliativo da renovação propriamente, analisando-se seus pontos de avanço e suas teses.